常春藤名校「模型思維」課程指定必讀

THE SUCCESS EQUATION

長勝

靠運氣贏來的，憑實力也不會輸回去

策略投資專家、暢銷書《魔球投資學》作者
麥可・莫布新 MICHAEL J. MAUBOUSSIN —— 著

陳冠甫 —— 譯

CONTENTS

前　言　命中注定 —— 005

01　靠能力、或運氣打敗對手 —— 019

02　會贏，不一定是因為你能力出眾 —— 049

03　「運氣－能力」光譜 —— 069

04　光譜上的位置 —— 095

05　能力的拱門曲線 —— 129

06　運氣的各種面貌 —— 151

07　有用的統計 —— 185

08 建立能力 —— 211

09 布局運氣 —— 239

10 均值回歸 —— 265

11 預測的藝術 —— 287

附　錄　計算均值回歸的兩種方法 —— 315

注　釋 —— 323

前言
命中注定

我的職業生涯,是從一個垃圾桶開始的。

我大四的時候和很多人一樣,不確定自己該做什麼為生,但我知道自己需要一份工作。當時有一間炙手可熱的投資銀行,叫作德崇証券(Drexel Burnham Lambert);這間公司來到校園裡徵才,招攬學生參加他們的訓練計畫。我的面試過程很順利,他們最後要我到位於紐約市的公司總部接受面試。我穿上最好的西裝、繫上領帶、擦亮皮鞋,出發前往大蘋果紐約。

第二天一大早,我們這些應徵者在一間大會議室裡集合,仔細聆聽計畫主持人解釋接下來一天的行程。「你們會接受公司團隊六位成員的完整面試」,她說道,「接著你們每個人都有十分鐘的時間,與最高主管會面。」顯然,她已經得到所有人的注意,這時她還補上一句,「如果你們想要這份工作,就必須在這次面試中脫穎而出。」

我前面的六場面試都很順利,沒有意外。結束之後,一位成員帶我走過長廊，來到一個黑色木頭牆面的辦公室。深色地毯蓋住地板，透過景觀窗戶可以俯瞰整個曼哈頓市中心全景。一位眼神銳利的行政助理引導我進去，這位高階主管給我一個溫暖的問候。然後我注意到了一樣東西。

在長長的桌子下放著一個垃圾桶，上面有職業美式足球隊華盛頓紅人（Washington Redskins）的隊徽。身為一位在華盛頓特區待了四年，還參加了一兩場比賽的運動迷，我稱讚這位主管在選擇垃圾桶方面有很好的品味。他的臉上露出笑容，而原本應該十分鐘結束的面試延長為十五分鐘，從頭到尾我都在聽他談論運動、他在華盛頓的時光，還有運動家精神。我點頭如搗蒜。我們的談話與專業知識無關。我們談的是一個共同的熱情。

後來，我拿到這份工作。我在德崇証券的經驗，確立了我職業生涯的方向。不過，在參加訓練計畫幾個月後，其中一位主管忍不住把我拉到一邊。他細聲說道，「我只是想讓你知道，在考量各個要素後，六位面試官都不認為應該雇用你。」我聽了後簡直目瞪口呆。那我是怎麼拿到工作的？他說：「不過上頭的傢伙推翻了他們的評估，並堅持要我們用你。我不知道你對他說了什麼，但你說的話肯定發揮了效果。」我的職業生涯，就是從一個垃圾桶開啟的。這純粹出於好運；如果我沒有從中得利的話，我現在也不會在這裡寫東西。

能力與運氣的界線

我們在生命中的各種經驗，其實是結合了能力與運氣所產生的結果。比數相差一分，籃球員在哨聲響起前一刻出手，球碰到籃框沒進，導致球隊輸掉總冠軍。藥廠開發高血壓用藥，結果最後變成解決勃起障礙的熱銷藥品。投資者買了一家公司股票，沒過多久就因為公司被溢價收購而賺了一大票。不同程度的能力、好運和壞運，是形塑我們人生的事實要素。但我們卻不太知道該如何區分兩者。

有一部分的原因是，我們當中只有少數人了解統計。我們分不清哪些事情是因為能力、哪些純粹是因為運氣，儘管心理學對我們有非常深層的影響。我們用來合理化世界的心理機制，其實無法解釋能力與運氣在生活周遭扮演的相對角色。接下來我就舉幾個完全由運氣或能力決定的案例。

多州樂透協會（Multi-state Lottery Association）的威力球彩券（Powerball），在2005年3月30日晚間一如往常地開獎。前面五個彩球依序從透明管子冒出；28、39、22、32、33。最後一顆球來自不同的機器，滾落就定位：42。整個過程不到一分鐘。

當晚負責監看整個開獎流程的杜莉小姐（Sue Dooley）負責把機器移回儲藏室，然後開車離開電視台攝影棚，回到五英里以外的威力球公司總部。根據統計，她認為或許有一張彩票會把8千4百萬美元的頭獎帶回家；另外有三、四個人會在六個數字裡選中五個數字，得到二獎。

她打開電腦，準備看開獎結果。原本以為贏家應該屈指可數，但事實上卻令人大吃一驚。二獎得獎人數竟高達一百一十人。威力球公司雇用的統計人員曾預告，實際得獎人數在機率上有可能是預測人數的六或七倍，但這次結果的差距將近三十倍，這在統計上幾乎不可能。另一個怪異之處在於，幾乎每張得獎彩票都選了相同的第六個號碼，也就是42。說實在，威力球公司主管寧願這些人猜中全部六個號碼，因為如此一來他們就會均分頭彩獎金。不管多少人贏，威力球公司付出的金額都一樣。但二獎的獎金卻是固定金額，在這次案例中，威力球公司比原本估計的彩金多付了1千9百萬美元。

杜莉趕緊打給老闆，他們想拼湊出這次事件的可能原因，包括電視上的數字、過去的模式、樂透專欄的預測，甚至認為可能有舞弊，但他們一無所獲。第二天早上，他們找到了一點蛛絲馬跡。一位在田納西州辦公室的成員問一位得獎人是如何選號碼的，他回答靈感「來自幸運餅乾」。之後一位艾達荷州的得獎人也這麼說,然後明尼蘇達與威斯康辛也有同樣的回覆。《紐約時報》(New York Times)記者李競(Jennifer 8. Lee)馬上展開報導,並追溯幸運餅乾位於紐約長島的雲吞食品(Wonton Food)工廠。公司副總裁王先生(Derrick Wong)解釋,他們把各個號碼放在一個碗裡,然後隨機選取六個號碼。由於要產生不同的數字排序很花時間,因此公司會使用同一組號碼在不同的餅乾裡,以節省員工每天生產四百萬個幸運餅乾的時間。[1] 這些得獎的幸運兒依照投注金額的不同,每人得到 10 萬至 50 萬美元的獎金不等。

馬力安・汀斯利(Marion Tinsley)也贏了很多錢,但並不是因為他運氣好。汀斯利是世界知名、也是最偉大的跳棋手。他在 1948 年得到美國冠軍;他在 1994 年過世前沒多久,才和唐・拉弗蒂(Don Lafferty)以及一個電腦程式棋努克(Chinook)打成平手。在他四十五年的跳棋生涯中,他只輸過七場比賽,這是個近乎完美的記錄。其中兩場比賽是敗給棋努克。雖然他下棋的時間不算太長(他原本在佛羅里達州立大學與佛羅里達農工大學任教),但他仍稱霸世界冠軍長達三十年。[2]

汀斯利的成功來自於他多年勤奮苦練。他在年輕時每週花五天、每天八小時來研究跳棋;接下來他一輩子都在鑽研這個遊戲。

雖然投入的時間與精力沒有年輕時那麼多，但他沒有停止，至死方休。他養成了驚人的記憶力，可以隨時回想起幾十年前某場比賽的雙方步數。汀斯利非常好勝，他宣稱只要不受健康因素影響，他可以擊敗任何人或機器。[3]

成功的各種原因

不管是中了威力球彩券的人、或是馬力安・汀斯利，他們都得到非常大的成功。但我們可以清楚看到，這兩種成功的原因其實大不相同。當天的樂透開獎，對那一百一十位得獎人來說，是完全出於好運，而威力球公司則是運氣不好。但汀斯利的成功，幾乎全部來自他的能力。就算你有全世界的好運，當汀斯利坐在你面前和你下棋時，你也幾乎不可能贏過他。也許你可能還是有一絲好運，例如他在下棋時突然出現輕微中風，導致他連續下了好幾個愚蠢的棋步。無論如何，實際上我們可以把汀斯利的成功歸功於他的能力。可惜生命中和商場上的多數事物都不是這麼一刀兩斷。我們看到的成功和失敗，大多是能力與運氣的組合，而且難以清楚切割。

這本書的目的，是要告訴你如何了解能力與運氣的相對貢獻度，然後基於這樣的理解，去解讀過去各種事件的結果，讓你在未來做出更好的決定。最後，解開能力與運氣的複雜關係，有助於我們做到「預測」這個困難任務。

能力、運氣與預測

　　普林斯頓大學心理系退休教授丹尼爾・康納曼（Daniel Kahneman）在 2002 年得到諾貝爾經濟學獎，之後他被問到，在一百三十多篇學術論文中，他究竟最喜歡哪一篇？[4] 他選了〈論預測心理學〉（On the Psychology of Prediction），該論文是 1973 年與阿摩司・特沃斯基（Amos Tversky）合寫，後來發表在《心理學評論》（*Psychological Review*）。該文主張，人類的直覺判斷往往並不可靠，因為人們在做預測時，往往只看某個事件是否符合其腦中的想像。他們沒有考慮到這個想像是否合理，也沒有考慮過去類似情況的結果為何。康納曼和特沃斯基主張，有三種資訊是與統計預測非常有關的。第一是過去的資訊，或所謂的基本比率（Base rate）。舉例來說，如果一個城市有 85％ 的計程車是綠色的，那麼 85％ 就是基本比率。如果沒有其他資訊的話，你就可以假設，當你看到一台計程車時，有 85％ 的機率會是台綠色的車。第二種資訊是關於個別案例的明確證據。第三種資訊則是關於該預測的預期準確度，也就是基於當下既有資訊,你認為這個預測究竟有多精準。[5]

我曾和一位醫生討論,他向我清楚解釋這三種類型的資訊。他提到,他有一種專門治療特定疾病的療法,通常成功的機率大約是50%(基本比例)。但他提到,只要他簡單說一句話,他幾乎可以說服所有病人接受這種療法:「上一個接受這種療法的人,目前狀況很好!」(關於個別案例的明確證據)。對於正在評估療法的病人們來說,成功故事讓統計數字陷於無用武之地。

統計預測的重點是要讓你明白,究竟在基本比例與個別案例之間,該如何決定孰輕孰重。如果預測的預期準確度很低,你應該多仰賴基本比例一些。如果預期準確度很高,那就可以仰賴特定案例多一些。在這個案例中,醫生其實沒有給病人足夠的理由去相信該療程在他身上的成功率會超過五成。所以病人不該仰賴發生在某個人身上的特定案例,而是應該用基本比例來做決定。

在權衡基本比例與個別案例時,其與能力和運氣的關係如下。當結果主要是由能力所決定時,你可以仰賴個別案例。如果你要和汀斯利下跳棋,由於你知道汀斯利讓人一槍斃命的能力,所以你可以輕鬆預測贏家。在運氣成分較高的活動中,你的預測應該仰賴基本比例。如果你看到有人贏了100萬美元,這並不會改變贏得彩券頭獎的機率。就算有人贏得旋轉輪盤,這也不會幫助你猜中下一次球的落點。

不幸的是,我們通常不這麼想。我們在做預測時,往往沒意識到運氣的存在,以致於我們太重視個別案例的明確證據,特別是近期發生的證據。這也使得我們更難以評估成果。某件事情發生時,我們會自然而然想出一個原因來解釋結果。問題是,我們常常扭曲、誤解,或忽略了運氣在事件成敗中扮演的角色。仔細思考運氣對我們生命的影響,可以讓我們減少這樣的認知偏見。

了解成功方程式中的運氣成分

當下的第一要務,就是要跳脫「運氣很重要」這種普遍觀念。如此一來,我們就可以找出,運氣對於我們的成就、成功與失敗,究竟產生多大貢獻。最後的目標,就是要明白,在做決策時究竟該如何面對運氣。

本書分為三個部分:

- 第 1 章至第 3 章是建立基礎。一開始,我們會先介紹能力與運氣的定義,以及一些與運氣有關的案例;接下來探討,在某些領域，能力和運氣的分類方法可能並不適用。然後我們會討論，為什麼一直難以了解運氣所造成的影響。最根本的挑戰是，我們都熱愛編構故事，而且渴望了解因果關係，但更有說服力的統計推論，讓人感到無趣厭煩，我們就開始認為，過去的一切都是無可避免。最後，我們會檢視「全靠運氣」和「全靠能力」之間的連續光譜。我們會提出一個基本模型，來幫助你養成敏銳的直覺。其中的概念，包括個人能力的悖論，以及可能影響均值回歸（reversion to the mean）的速度由哪些因素決定。

● 第 4 章至第 7 章，會討論用來分析運氣與個人能力的必要工具。我們一開始會提到，如何把一個事件放到運氣與個人能力的光譜上。事件在光譜上的落點，會決定你應該如何面對此事。然後我們會檢視，個人能力如何隨著時間而改變。簡單來說，個人能力會呈現一個弧形：一開始會持續進步一段時間，達到頂點後，便會下滑。然後我們會把焦點轉向運氣的分配，或所謂運氣的價值範圍。如果在某些情況下，各個事件彼此獨立，那麼簡單的模型就能解釋眼前的現象。但如果過去的結果會影響未來的結果，要預測贏家就變得非常困難。能力出眾的人也不可能一直贏。我們在結尾會談到，無用與有用的統計究竟有何差異。有用的統計會有持續性（過去與現在高度相關）和可預測性（表現好壞會與目標高度相關)。我們會發現,許多統計連這一關都過不了。

- 第8章至第11章會提出具體建議,讓讀者明白如何實際應用前兩章的發現。我們會先討論如何改善個人能力。如果運氣成分不高時,那麼刻意練習將有助於提升能力。若運氣成分高的話,我們必須把個人能力當成一個過程,因為結果往往無法帶來具體回報。檢查清單會很有用,因為這樣可以增加執行力,並且在高張力的情況下指引你的行動。然後我們會探討如何面對運氣。舉例來說,當你占上風時,你會想要讓比賽單純化,你就可以壓著對手打。如果你是落水狗,你會想辦法讓比賽變複雜,試著增加運氣的成分。運氣是無法解釋的;人類可以掌控的事物,才能解讀其因果關係。舉例來說,如果你要知道某個廣告是否發揮效果,就要比較看過廣告與沒看過廣告的人,看看他們的購買行為是否有差異。這部分也會深入討論均值回歸的概念:多數人相信自己了解這個概念,但他們的行為卻不是這麼一回事。本書結尾會有十個具體的小叮嚀,告訴你如何克服心理上、分析上與程序上的阻礙,以釐清能力與運氣的關係。

關於能力與運氣的分析,將聚焦在體育、商業與投資上,因為這些是我最熟悉的領域。當然,這些領域相當不一樣。體育是最容易分析的活動,因為運動規則不會在短時間內大幅變化,而且已經有大量數據資料。相較之下，其他包括商業在內的社會流程比較沒有明確規則和界線，因此會比較複雜。不過，許多分析方法仍可適用。[6] 一般而言，市場最難分析，因為價格是由許多個人的互動所產生。同樣的，雖然問題的本質可能與體育不同，但許多分析能力與運氣的工具，其實可以共用。

分析能力與運氣之所以有趣，一部分原因在於這是個跨學科的工作。統計學家、哲學家、心理學家、社會學家、企業策略專家、財務教授、經濟學家和賽博計量學家（sabermetrician，把統計應用在體育研究的人）齊聚一堂，都能有所貢獻。[7] 可惜的是，這些學科中的人很少願意走出去尋求跨界合作。你會看到來自各個領域的想法，而我希望把這些想法集結起來，可以變成一個更完整、更周全的方法，來分析決策與詮釋結果。

解開個人能力與運氣的關係，本質上是一件很棘手的任務，而且這件事會有許多限制，包括數據的品質、樣本大小，以及活動的多變性。我們不認為你可以精準地測量「個人能力」和「運氣」在某些成功／失敗案例中的貢獻。但如果你採取具體步驟，試著評估這些因素的相對貢獻，你的決策品質會比那些觀念錯誤，或根本不去想這件事的人更好。如此一來你就已經比他們有了更多優勢。有些統計學家，特別在職業運動世界裡，他們看似無所不知，已經超脫凡人能理解的層次。這樣的態度也不正確。嚴肅看待自身技能的統計學家，其實非常了解分析的局限。要做出好決策，你必須知道你能掌握什麼、也要知道無法掌握什麼，這兩件事同樣重要。並非所有的關鍵因素都能予以測量，也不是所有能測量的東西都是關鍵。

雖然，有許多人類活動不一定適用本書概念，但在某些重要領域，這些概念仍有具體意義，可以當作許多做決定的基礎。你的兄弟在週四晚上找你出去閒晃，讓你遇到了未來的老婆，這或許是出於運氣；但這本書不會直接說明這些事情，也沒辦法解釋愛情、健康與幸福。我們必須定義我們所討論的活動，並說明我們要用什麼樣的標準來評估這些活動。

李查・愛普斯坦（Richard Epstein）的《賭博理論與統計邏輯》（*The Theory of Gambling and Statistical Logic*）書中提到，如果你做的事情摻雜了能力與運氣，你就不可能篤定自己一定會成功。不過他也提到，「與其贏得糊裡糊塗，還不如輸得清楚明白。」[8] 幸運之神也許會眷顧我們、也可能不會；但如果我們能堅持一個好的決策流程，那我們就可以試著坦然接受決策產生的不同結果。

01
靠能力、或運氣打敗對手

讓我用一個你可能耳熟能詳的故事開場。

史上最偉大的電腦程式設計師,生長於華盛頓州的西雅圖市附近。他看到一家剛成立的公司,名叫英特爾(Intel),專門做電腦單晶片(Computer-on-a-chip),而他也是最早看到所謂微電腦(Microcomputers)發展潛力的人之一。他決定投入這種新裝置的軟體程式開發,有人說「他寫了一個引發個人電腦革命的軟體。」[1]

1970 年代中,他成立了一家賣微電腦軟體的公司。公司剛成立時,「氣氛非常古怪」,而且「大家可以赤腳穿短褲來上班」,「穿西裝的人肯定是訪客」。[2] 但很快地,公司獲利便大幅成長;到了

1981年,該公司的作業系統已經稱霸使用英特爾微處理器的個人電腦市場。

有了這些早期的勝利後,公司的最關鍵分水嶺,在於IBM於1980年夏天前來討論其新款個人電腦的作業系統。經過一番談判,兩家公司達成協議。1981年8月,每台全新IBM個人電腦都附上該公司的軟體,就此決定了這家公司的命運。從此之後發生的事,都是大家耳熟能詳的故事了。

如果你沒聽過這故事,那麼結局是這樣的。這位電腦科技先驅在1994年7月8日走進加州蒙特雷(Monterey)的一家摩托車酒吧,穿著皮夾克,一身哈雷騎士裝扮。接下來發生的事情外界並不清楚,不過他的頭部受到致命性的重創,可能是因為打架、或自己摔倒。他自行離開現場,但他的慢性酒癮使得問題更加棘手,導致三天後辭世。他當時才五十二歲。他死後葬在西雅圖,而且在他的墓碑上還刻著一個軟式磁碟片。他的名字叫做蓋瑞·基道爾(Gary Kildall)。[3]

如果你以為這故事的前半段是關於微軟(Microsoft)創辦人比爾·蓋茲(Bill Gates)的過去,其實情有可原。而且大家不禁要問,蓋瑞·基道爾有沒有可能成為比爾·蓋茲這位曾經的世界首富?但事實上，在個人電腦產業的關鍵發展時期，比爾・蓋茲做出的聰明決定，讓微軟可以勝過基道爾的數位研究公司（Digital Research）。

當 IBM 主管一開始接觸微軟，希望其提供 IBM 新款個人電腦的作業系統時，蓋茲其實還把他們介紹給數位研究公司。這場會議究竟發生了什麼事，各方其實眾說紛紜，但基道爾顯然不像蓋茲一樣、看出 IBM 訂單的重要性。

IBM 與蓋茲簽下合約，由蓋茲提供與基道爾的 CP/M-86 相仿的作業系統。經過一番調整使其符合 IBM 個人電腦後，微軟重新將其命名為 PC-DOS，然後開始出貨。後來經過與基道爾的一些紛爭，IBM 同意把 CP/M-86 當成替代的作業系統。IBM 還幫這個產品進行定價。IBM 個人電腦沒有內建作業系統，所以每個買個人電腦的人都必須另外買一套作業系統。PC-DOS 的價格是 40 美元，而 CP/M-86 要價 240 美元。最後誰是贏家，不言自明。

但 IBM 並不是微軟致富的直接原因。蓋茲的確與 IBM 簽下協議，不過他也保留了授權 PC-DOS 給其他公司的權利。隨著市場上模仿 IBM 的個人電腦開始起飛後，微軟馬上從競爭中脫穎而出，最後得到了巨大的競爭優勢。

當蓋茲被問到自己的成功有多少比例是來自運氣時，他坦言，運氣「扮演了相當重要的角色」。尤其微軟的成立時間確實恰到好處：「我們是第一家針對個人電腦所成立的軟體公司，而這是我們成功的關鍵因素。」他提到，「選擇這個時機並非全靠運氣，但如果沒有好運氣的話，這一切都不會發生。」[4]

定義能力與運氣

要解開能力與運氣的糾葛，第一步就是要定義這些詞彙。這不是一件容易的事，而且很容易淪為激烈的哲學爭論。[5] 我們可以避開這些爭議，因為其實一般實用性的定義，就足以清楚分析過去、現在與未來的行動成果，並且讓我們改變做決定的方式，以正確行動。

但我們得按部就班。在我們開始討論能力與運氣以前，必須先定義，究竟是在討論哪些活動。我們可以分析運動員，也可以分析公司高階主管或投資人。我們必須說清楚，我們究竟在探討哪些層面的行為。其次，我們得有一個共同的績效測量方式。對運動員來說，評估其表現的方法就是看是否贏得比賽。對高階主管而言，就是找出能夠創造價值的策略。測量的好處在於，它可以給予能力和運氣一個明確的價值。

接下來我們就可以開始下定義了。

運氣

先從運氣開始吧。

一般辭典會把運氣定義為「有利或不利於個人的事件或情境」[6]，但這樣恐怕不夠。這是個好的起頭，不過我們應該可以再更具體一點。運氣是隨著機率出現、可能影響個人或團體的事件（例如一支球隊、或一間公司）。運氣可能有好有壞。此外，如果認為一件事也可能會有其他結果，那麼這其中也摻雜了運氣的成分。也就是說，運氣不受控制且無法預測。[7]

舉例來說，假設有個老師要求學生學習一百件事。其中一位學生，姑且稱他為查理好了，他牢牢記住了八十件事，所以認為自己一定可以得 80 分，然後拿到 B 的成績。查理很喜歡這門課，但他的人生還有很多事情要顧，所以只要別拿到 C 就好。在他的學校裡，如果拿到 C 的話就等於這門課被當掉。所以對查理來說，B 已經夠好了。你可以把他的策略當作是純粹靠能力，因為運氣不會影響查理的考試成績。他要不就是知道答案，要不就是沒有答案。他可以預測自己付出的努力和成果。

不過，假如這位老師很狡猾，沒有把一百件事全部考出來，而是從中隨機選擇二十個。這麼一來，查理的成績，就端視這二十道題目與他記得的資訊究竟有多少重疊。如果用統計的角度來看他的處境，他的成績有三分之二的機率會落在 75 到 85 分之間。85 分當然沒問題，可以穩穩地拿到 B。但 75 分就不妙了。更麻煩的是，他有三成的機率會拿到 90 分以上、或是 70 分以下。突然之間，他所熟悉的八十道題目，無法讓他的成績免於受到運氣影響。

的確，他的考試成績出現了風險。拿到 90 分當然沒問題；但如果只有 70 分、或更少，那就完蛋了。理論上，如果老師剛好出了查理沒記住的那二十道題，他是有可能考零分的。當然，如果老師完全沒挑中查理沒記住的這二十道題，他也可能得滿分。但是這兩種極端的機率都非常低。所以，只有在第一種條件組合下，查理的能力才能保證讓他得到八十分。但在第二種條件組合中，他的分數就可能天差地遠。此外，在第二種條件下，我們也很難從他的分數來評估其能力。

第二種條件組合，恰好凸顯出整個過程中的運氣成分。這也符合我對運氣所下的定義。

- 成績會影響學生
- 成績可能好,也可能壞(他的分數可能高於 80,也可能低於 80)。
- 你可以合理預測,只要老師選了不同的題目,最後也可能導致不同結果。

各種標準化的考試分數,包括美國大學入學考試 SAT 的推理測驗在內,都同樣反映出運氣的影響。所以,評估這些考試成績的入學審核人員都知道,這些分數並不能完全正確地測出一個人的真正能力。[8] 只要整個系統中摻雜一點運氣的成分,就不容易測出人的真正能力。

在查理的案例中,我們假設他的能力是固定不變的。也就是說,他宣稱的記憶力確實非常精準。他充分掌握那八十道題目。如果被問到,他可以非常穩定地回想起這些內容。而運氣的影響程度,就取決於老師選擇要考多少道題目。

個人能力在這個案例中其實是固定的,不過在其他類型的案例中,個人能力往往會有正常變異,這時運氣因素也會造成影響。例如,一位籃球員在整個賽季中的罰球命中率為 70%。你應該不會期待他在每十次的罰球中都剛好命中七球。在某些比賽中,他可能命中了九成的罰球；有時候命中率可能只有五成。就算他持續訓練、提高罰球命中率，但他的表現還是會有變異；因為罰球牽涉到他的神經肌肉系統，這和人類回想某些事實的記憶系統大不相同。運動員可以透過練習來降低個人表現的變異性，但要完全排除這些變異，幾乎不可能。[9]

「隨機性」（randomness）和「運氣」是兩個相關、但不同的概念。你可以把「隨機」視為在系統層次運作的元素，而「運氣」則是在個人層次運作。假設你叫一百個人連續丟五次銅板。銅板的正反順序排列，勢必是隨機的；我們也可以預期，有些人可以正確猜中五次的結果。但如果你是一百人當中剛好完全猜中的那一位，那麼你的運氣真的很好。

從這樣的定義來看，對於運氣這件事，我們應該培養一種處之泰然的態度。我們努力的結果不管是好是壞，其中都有一些成分是我們可以控制的（即個人能力），也有一些成分是我們根本無法控制的（運氣）。也就是說，運氣是殘餘下來的成分：當你把成果的努力成分抽掉之後，剩下的就是運氣了。你的運氣好或壞，其實跟你這個人根本無關。如果你因為好運而受益，那就好好享受當下的愉悅，然後準備迎接運氣用完那一天的到來。若運氣不好，也不要垂頭喪氣。如果你已經用正確的方式來做這件事，那就把這次的結果拋諸腦後，未來繼續用同樣的方法堅持下去。

很多人會有一種想法，認為長期下來運氣會接近平均值。對一些微不足道的小事來說，確實是如此。但這樣的論點其實並不成立，而且運氣發生的時間點，往往會對之後的事件產生累積效果。很多人討論過的案例是，在相對富足的時代畢業的學生，他們會比那些在景氣衰退時畢業的學生更容易找到工作、並享有更高的薪水。耶魯管理學院（Yale School of Management）經濟學家麗莎・坎恩（Lisa Kahn）就研究了這種效應。她發現，白人男性學生畢業時，當時的失業率可以用來預測其收入損失。只要失業率增加一個百分點，畢業生的薪資就會少6%至7%。即使經過十五年後，他們的薪資仍會低於平均。[10] 個人收入的差異，原來會受到畢業時總體經濟情勢的好壞所影響。換言之，這是運氣的問題。

▌創造自己的運氣

運氣和我們所有人的生活都密不可分，所以我們經常可以看到許多描述運氣的格言：

- 「你可以創造自己的運氣。」
- 「運氣就是當你準備充分，然後機會降臨時。」

● 「我篤信運氣，而且我發現當我越努力、我的運氣就變得越好。」[11]

事前的準備工作與努力，是個人能力的基本要素。它們通常會帶來好的結果。但這些格言並沒有真正解釋事情的真相。如果你做了準備，而且很努力，那麼你的成功並非因為運氣變好。運氣是完全不會變的。只有你的能力會進步。你可能非常努力、也做足準備，然後在66號公路上開了全美國最棒的餐廳；然而當州際高速公路經過你所在的城鎮時，再好的餐廳也得關門大吉。

另外一種常見的說法是，如果你拒絕幸運之神，你就不可能得到好運。舉例來說，如果你不買樂透，你就不可能中獎。就某個層面來說，這當然沒錯。但這個說法掩蓋了兩個重點。運氣可能有好有壞。雖然中了樂透彩看似運氣好，但我們很難主張沒中獎就是運氣不好。輸掉樂透彩是預料中的事。樂透在設計上本來就是要賺錢，他們只會拿出一部分的錢給贏家，所以整體來說這是個輸家的遊戲。重點是，當你把自己放在一個可能享受好運的位子時，你也可能變成輸家。

另一個重點是，個人為了追求運氣所付出的心力，其實是與個人能力有關。例如，你必須與未來的雇主們完成十場面試才能拿到一份工作。只完成五場面試的人可能拿不到工作，但完成十場面試的人，最後都會得到這份職缺。找工作非關運氣，這是努力與否的問題。耐心、堅持與打不垮的鬥志，其實是個人能力的重要因素。

另一個鼓吹「運氣掌握在自己手中」的名人，就是李察・韋斯曼（Richard Wiseman）；他是赫特福德大學（University of Hertfordshire）科普心理學（Public Understanding of Psychology）的首席教授。韋斯曼的作品非常古怪有趣。舉例來說，他曾經辦過一個「全世界最棒笑話」的「科學研究」。（得獎者的笑話是：有兩個獵人在樹林裡，其中一人不支倒地。他看起來沒有了呼吸，而且眼神已經無光。另一人趕緊拿出手機打給緊急醫療服務。他急忙說道，「我的朋友死了！我該怎麼辦？」接線人員回答，「請先冷靜，我可以幫助你。首先，我們得先確定他已經死了。」電話那頭一陣靜默，接下來傳出槍響。這時電話傳來，「好了，然後呢？」）他還聲稱他已經找到「一個經過科學證實的方法，可以了解、控制和增進你的運氣。」[12]

韋斯曼蒐集了數百人的樣本，要他們評分自己有多相信運氣。然後他接著解釋「幸運者與不幸者的思考與行為差異」，並找出「運氣的四大原則」。這些原則包括「盡可能擴大你的機會」、「聆聽自己的預感」、「期待好運」，以及「把壞運轉化成好運」。韋斯曼的研究非常活潑逗趣，而他儼然就是一個精力旺盛且充滿好奇心的人。可惜這些都稱不上是科學。

在一次實驗中，韋斯曼要求那些購買英國彩券（U.K. National Lottery）的人填答一份問卷，裡面的資訊包括他們打算買幾張彩券、還有他們是否認為自己擁有好運。在七百多位受訪者中，34％認為自己擁有好運、26％認為自己運氣不好、40％則是中立。受訪者中，有三十六位當晚成功獲獎，占總人數的5％，而且均勻分部在覺得好運與覺得運氣不佳的人群中。每個人平均輸掉2.5英鎊，從彩票的購買數來看，這也絲毫不意外。韋斯曼指出，這個實驗顯示，運氣好的人並沒有任何超自然能力（你應該也不會這麼想）；他也排除了個人智慧與運氣之間的任何關係。[13] 我們可以肯定地說：你不可能提升自己的運氣，畢竟只要是能透過努力來改變結果的事，其實都與運氣無關，而是個人能力。

能力

現在讓我們來談談個人能力。根據辭典定義，個人能力是指「能夠有效利用個人知識，並且已經準備要執行或表現的能力。」[14] 如果不了解運氣扮演的角色，我們就很難說明個人能力的重要性。

有些活動允許些許運氣的成分,例如賽跑、拉小提琴或下棋。在這些案例中,你會透過體能或智能上的刻意練習,來獲取個人能力。還有一些活動則需要大量的運氣,例如撲克牌和投資。在這些案例中,個人能力指的就是做決策的過程。所以,在不同活動中,運氣成分的多寡也不相同;若運氣的影響程度小,那麼好的過程通常就會帶來好結果。牽涉到運氣成分時,好的過程也會帶來好結果,但時間必須拉長。如果個人能力占的成分較高,那麼因與果之間就有緊密連結。若運氣的影響增加,那麼因與果在短期內便只有鬆散的關連性。

有一個又快又簡單的方式,可以測試一件事是否牽涉到個人能力:你可以問自己,能否故意選擇失敗。如果牽涉到個人能力,那麼你當然可以故意輸掉;但如果是玩輪盤或樂透,你當然不可能選擇輸掉。提出這個完美測試的,就是在美國主張線上撲克合法化的組織。美國法律將撲克視為賭博、一個純粹靠運氣的遊戲,而完全忽略了能力的成分。儘管運氣確實會影響誰贏得牌局,但毫無疑問的,這也是牽涉到個人能力的遊戲。[15]

多數人在經過連續多日、五十個小時的訓練與練習後,都可以習得一般水準的能力。舉例來說,像是開車、學習打字、或具備基本的運動能力。

取得技能的過程包括三階段：[16]

- 在**認知期**（Cognitive Stage），你會嘗試了解這個活動，然後你會犯很多錯誤。你可以想像一個打高爾夫的人，他要學習握球杆、思考如何調整自己的身體揮杆，一開始肯定打得一塌糊塗。認知階段通常是最短的。
- 接下來是**連結期**（Associative Stage）。在這個階段，你的表現顯著進步，比較容易矯正的錯誤也變少了。以高爾夫為例，到這個階段你應該可以準確擊中球，但可能還無法完全掌握球的飛行方向或距離。
- 最後就是**自動期**（Autonomous Stage），這時能力已經變成習慣、自然而然。高爾夫球選手已經能夠調整自己的揮杆來順應風向、坡度，或把球輕推入洞。

隨著你的學習經歷這些階段，你的腦部使用的神經路徑，也會跟著改變。如果你已經非常擅長某種體能上或認知上的任務，你的身體已經比你的心智更熟悉一切；此時如果想得太多，反而可能表現不佳。在這類活動中，直覺其實非常有效、也非常重要。[17]

多數人達到一定的穩定水準後，便感到心滿意足。一旦達到這樣的水準，額外練習已經無法再產生更好結果（我在冰上曲棍球娛樂聯盟的經驗可以證明這一點）。頂尖表演者或專家的與眾不同之處在於他們透過刻意練習（Deliberate Practice）來超越一般人的平均水準。與一般玩票性質的表演不同的是，刻意練習會把人推向極致、嘗試超越自己的極限。這需要大量時間進行重複練習。刻意練習也需要即時、準確的反饋；通常教練或老師就扮演這種角色，目的是要找出錯誤、並加以糾正。刻意練習往往費力耗時，而且一點也不好玩；這也是為什麼只有少數人能成為真正的專家或贏家。[18]

在運氣成分較高的活動中，個人能力的重要性，便限縮到「做決定」的過程。鋼琴高手每晚都要有高水準演出；但做出好決定的投資人或商人，仍可能在短期內因運氣不佳而得到負面結果。只有好決策的次數多到足以排除厄運時，個人能力的重要型才會凸顯出來。

馬愷文（Jeffrey Ma）來自麻省理工學院，是惡名昭彰的21點（黑傑克）小組成員之一。為了贏得牌局，該小組會在玩21點時算牌。他們的系統有兩個關鍵要素。首先，小組成員會先散開到各個牌桌，然後開始算牌，來判斷哪一個牌桌的勝算較高。一開始，玩家只會下很小的籌碼。他們的目的只是要知道，目前還沒發出的牌裡頭是不是還有大量的高點數牌。如果高點數牌多的話，那麼玩家就有更高的機會贏。當某個玩家找到吸引人的牌桌，另一個成員就會加入他,然後下高額賭注,然後盡可能贏回最多錢。班‧麥茲里奇(Ben Mezrich)的暢銷書《贏遍賭城》(Bringing Down the House)中提到,他們的團隊有辦法傳達某個牌桌是否有足夠吸引力,甚至用數學算出應該下多大賭注。[19]

馬愷文和他的團隊非常清楚運氣的影響,因此他們只能專注在決策過程。確實,馬愷文說到他有一次在十分鐘內的兩輪牌局輸掉10萬美元,但他當時其實沒有出錯:「決策品質的好壞,其實可以從我使用的邏輯和資訊來評斷。長期來說,如果一個人都做出好的、有品質的決策,他通常會得到比較好的結果;但這可能需要大量樣本數來證明。」[20] 換言之,他必須多次下注才能贏錢,因為這個遊戲雖然牽涉到個人能力,但中間也有許多運氣。

培養個人能力都不是件容易的事,不論中間有沒有摻雜運氣成分。然而運氣成分的高低,會使得個人得到的反饋非常不同。多數的身體活動,在個人努力與成果間都會有高度相關。假如你努力加快打字速度,那麼你每分鐘的打字數會增加、錯字數會減少。如果是需要靠運氣的事情,雖然你用好的能力作出恰當選擇,但短期內仍然可能產生負面結果。從馬愷文的例子來看,除非他和他的團隊參與了夠多牌局,否則一時的輸贏並不能用來評斷其能力。缺乏恰當的評估反饋可能會產生認知上的誤判,例如懷疑那些做出正確決策、有能力的人,或是相信那些靠著連續好運而表現傑出的人。

在考量個人能力時,我們也應該要區隔經驗與專業。我們似乎都認定,當一個人長期做某件事之後,他就變成了專家。如果是牽涉到大量個人能力的活動,唯有刻意練習才能產生專業。而且只有極少數人願意付出這樣的時間與精力才能超越極限、達到完美表現。事實上,通常一般人的表現只要夠好即可,並不需要到卓越程度。有充足經驗的汽車技師、水電工或工程師,通常已經夠了。另一方面,唯有刻意練習才能讓你成為頂尖的音樂家或運動員。

經驗與專業的混淆不明,往往在情況複雜與運氣成分高的領域中特別明顯。專業的不同之處,就是要能做出準確的預測:專家的模型能夠有效地連結原因與結果。從這個角度來看,在面對複雜系統時,專家也可能表現不佳。

賓州大學(University of Pennsayania)心理系教授菲利普‧泰特洛克(Philip Tetlock)曾仔細研究過政治與經濟領域的專家,他發現,專家的預測並不比單純靠過去事件來做預測的演算法來得高明。[21] 人們在預測複雜系統時,從記錄上來看其實非常糟糕,無論是預測股票市場指數、人口變化、或科技演化。就算有出色的頭銜或多年經驗也沒有用,因為中間的因果關係太過隱諱不明。各種條件不斷變化，導致過去發生的事情無法用來解釋未來的事。

伊利諾大學（University of Illinois）心理學教授格雷‧諾斯奎（Gregory Northcraft）總結道：「很多時候，有經驗的人會認為自己是專家，但不同的是，專家有一個預測性的模型；但有經驗的人的模型，卻未必有預測性。」[22] 區隔經驗和專業非常重要，因為我們都希望了解未來，也都會求助於可靠的專業人員來告訴我們接下來會發生何事。不論他們討論的話題為何，其預測的價值高低，往往也會因為該事件牽涉到的能力與運氣成分而不同。

「運氣―個人能力」的連續光譜

要清楚表達能力與運氣，我們可以畫出一個光譜。最右邊的就是完全仰賴個人能力、不受運氣影響的活動。諸如跑步或游泳競賽等體力活動就在這一側；西洋棋或跳棋等認知活動也一樣。最左邊則是單純靠運氣、不靠能力的活動。這類活動包括旋轉輪盤、或是樂透彩。人生中大部分的有趣事物，其實是落在兩個極端之間。為了讓大家了解一些熱門活動屬於光譜上的何處，我在這裡列出一些職業運動；而判斷標準，則來自過去五個賽季的平均結果（圖表1-1）。[23]

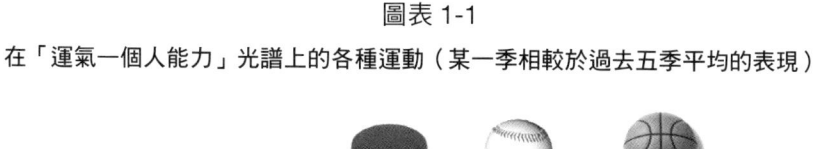

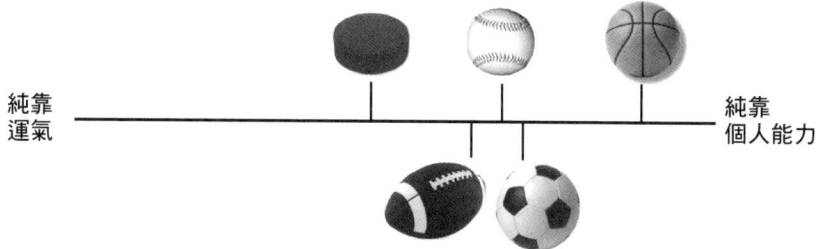

圖表 1-1
在「運氣─個人能力」光譜上的各種運動（某一季相較於過去五季平均的表現）

純靠
運氣　　　　　　　　　　　　　　　　　　　　　　　純靠
　　　　　　　　　　　　　　　　　　　　　　　　　個人能力

來源：作者個人分析

一個活動究竟落在光譜上的何處，其實會影響到你的決策方式。所以我們的第一個目標，就是要恰如其份地把各種活動放到個人能力與運氣之間的光譜上。當然，由於這件事牽扯到許多變數，因此不是個簡單的任務。舉例來說，隨著運動員的年齡增長，他們的體育技能也會改變；當新科技問世時，許多公司也會喪失其競爭優勢。但如果能試著了解某個活動會落在光譜上的何處，仍有很高的價值。這裡我們會提出一些案例，你會發現，若能解開個人能力與運氣的複雜關係，你在思考與評估各種事件時，會更容易找到方向。

將樣本大小列入考量

如果要正確評估過去的事件，你必須要考慮這件事落在「運氣—個人能力」光譜的何處，也要思考你抽樣的樣本有多大。其中一個常見的錯誤，就是太過強調結果。美國國家家醫學考試部（National Board of Medical Examiners）研究科學家暨賓州大學統計講座教授霍華・韋納（Howard Wainer）把這種狀況稱做「最危險的恆等式」。（The most dangerous equation）。該恆等式是由法國知名數學家亞伯拉罕・棣莫弗（Abraham de Moivre）所提出，其中提到平均數的變異性會與樣本的大小呈現負相關。也就是說，在牽涉到較多運氣成分的活動中，小樣本會有較大的變異性（亦即標準差）。[24] 你可以把平均數與標準差想像成一個鐘型分配曲線，這個形狀代表著樣本的分配。在鐘型的頂點代表著最多樣本，也就是接近樣本的平均值。從最高點往兩側延伸，曲線會呈現對稱下滑，而兩側的樣本數也會一致。標準差就是用來測量兩側的曲線究竟離平均值多遠。一個窄瘦的鐘型曲線，表示標準差較小；如果鐘型曲線很寬，就表示標準差很大。

當運氣主導一切時，少數樣本並不能反映真正的情況，因為小樣本的鐘型曲線看起來會比整個母群體的分布情形還要寬。韋納稱此為「最危險的恆等式」，因為許多不曉得這個道理的人，已經長期在許多領域中誤判形勢,也導致許多嚴重後果。

他用一個例子來說明這一點:美國各地得到腎臟癌的人口比例。他畫了一張地圖來表示,美國腎臟癌比例最低的郡都在鄉下小地方,包括中西部、南部與西部等。然後他又提供一張地圖來凸顯得病率最高的地方。結果竟然一樣,它們的所在地也是在鄉下小地方,包括中西部、南部與西部。這正是棣莫弗恆等式的展現:如果你在光譜上落在比較接近運氣的一方,那麼小樣本會產生重大變異,最後便導出不可靠的結論。韋納接著表示,人們罹患腎臟癌的比例其實是當地人口的函數;而且我們可以清楚看到,擁有最高和最低罹癌率的都是小郡,而大郡的罹患率則集中分布。人口少、樣本小,就會產生巨大的變異。[25]

在政策制訂上,過去有些人因為不了解棣莫弗恆等式而鑄下大錯。其中一個案例,就是要改革學童教育。為了教育改革,政策制訂者啟動一項看似合理的計畫,它們想知道哪些學校的考試成績較好。下一步就是要重新整頓其他學校,把它們變成跟那些產出優秀學生的學校一樣。你應該已經猜到,在得最高分的學校中,很多都是小學校。於是開始有人鼓吹應該縮小學校的規模。事實上,私部門與公部門竟花了數十億美元來執行「縮減學校規模」的政策。

仔細研究數據可以發現，小學校不僅在高得分群組中占有多數，他們在低得分群組中也代表極高比例。此外，韋納還進一步提出證據指出，當進入到高等教育後，大校學生的平均成績其實比小學校學生好，因為大校有更豐富的學習資源、也有專精於特定科目的老師。[26]

我們要強調的重點是：如果你從事的是一項幾乎全由個人能力決定結果的活動，那麼你不需要大樣本也能到合理結論。世界級的短跑健將應該每次都能擊敗業餘跑者，你不用花太長時間就能明白這道理。但如果你在光譜上逐漸移往運氣那一端，你就需要更大的樣本來了解個人能力（決定因子）與運氣的貢獻多寡。[27]在撲克比賽中，業餘選手可能因為幸運而連續打敗職業選手，但隨著他們交手次數增加，職業選手的優勢就會顯現出來。如果把「辨別個人能力」比喻成「尋找金礦」，那麼在光譜的「個人能力」端，就好像你直接走進諾克斯堡（Fort Knox）的美國聯邦政府黃金儲備地：黃金就擺在你的眼前。至於在「運氣」端，就比較像在加州亞美利堅河（American River）進行枯燥無味地淘金：你必須不斷過濾篩選，才能找到真正的金塊。

很多企業主管都想要讓自己的公司表現的更好。方法之一，就是觀察其他成功的公司，然後依樣畫葫蘆。所以市面上有一大堆研究成功企業的書籍,也就不足為奇。每本書都有類似的公式:找到成功的公司、找出他們成功背後的原因,然後把這些因素分享給其他想要追求相同成功的公司。這樣的方法直覺上很有道理,所以這些作者們也賣了好幾百萬本書。

然而這種方法其實有個問題。有些公司其實只是運氣好,所以他們的成功經驗根本不具參考性。德勤（Deloitte）顧問公司的麥可・雷諾（Michael Raynor）、蒙塔茲・阿默德（Mumtaz Ahmed）與德州大學（University of Texas）的安德魯・韓德森（Andrew Henderson）合作,嘗試了解能力與運氣如何影響公司的表現。首先,研究人員找出 1965 年至 2005 年間的兩萬家公司,試著了解這些公司的表現模式;當中也包含了你應該認為是純粹走運的案例。他們的結論是,多數能夠維持卓越的公司,都無法用單一的「運氣」因素來解釋。

然後,他們找了十三本暢銷書,從當中找出二八八家表現優秀的公司,然後看看哪些公司真的禁得起考驗。最後他們發現,只有不到 25% 的公司可以算是真的表現傑出。雷諾、阿默德與韓德森寫道,「我們的研究顯示,我們很容易被隨機性（Randomness）給愚弄,而且我們懷疑,很多被認為是可以永續經營的卓越公司,若拉長到五年或十年的時間來看,它們可能只是市場上剛好被挑中的公司之一,而並非擁有什麼過人的資源。」[28]

這些成功書籍的作者們找到了成功案例,然後藉由他們的詮釋來創作故事,藉此煽動無知的讀者。但在這些公司中,其實只有很小一部分是真正的卓越公司,而很多成功公司其實只是因為運氣好。最後,這些些書籍給的建議之基礎,不過是出於機率。你必須釐清能力與運氣,才能了解如何在歷史中學到東西。如果能力是主要的決定力量時,過去的歷史就很有參考性。舉例來說,如果有完善的方法,你可以訓練自己學會演奏樂器、說某種語言、或競逐網球和高爾夫等體育競賽。但是,當運氣是主導力量時,歷史便無用武之地。

當中的關鍵差別,就是回饋的訊息。在光譜上靠近個人能力的這一端,我們往往可以取得清楚、正確的回饋,因為因果之間有緊密的關連。但是運氣的那一端,回饋訊息往往會造成誤導,因為短期內因與果的關連並不高。好決策可能導致失敗,而爛決策卻帶來成功。此外,牽涉到大量運氣的活動,在本質上也非常多變。股票市場就是一例。過去有效,不代表未來一樣有效。

當你了解一件事在「運氣—個人能力」光譜的位置時,你就可以估計這件事出現均值回歸的可能性。任何摻雜了能力與運氣的活動,最終都會回歸到平均值。意思就是說,如果一件事與平均值相差甚遠,那麼你會預期接下的結果會比較接近平均值一些。我們前面提到一位學生,他充分掌握了一百道題目裡的八十道,但考試只會從中挑選二十題。如果第一次考試時,老師剛好大多選了他會的題目,讓他拿到 90 分;那麼你會預期,他第二次的分數會比較接近 80 分,畢竟好運不太可能常相左右。[29]

重點是,均值回歸的程度,其實是某件事當中個人能力與運氣之相對作用的函數。如果一件事的結果純粹是出於個人能力,那麼均值回歸的效應就會很不明顯,而且很緩慢。假如你是個技巧純熟的 NBA 球員,你的罰球命中率多數時間都明顯高於平均。有時候你的表現會往平均值靠攏,但幅度並不大。如果結果大多由運氣決定,那麼均值回歸將來的又快又猛。如果你玩輪盤已經連贏五次,你最好趕快離開賭桌,畢竟你可以確定,隨著下注次數增加,你肯定會輸。這些概念都很重要,但在運動、商業與投資領域中卻常被忽略,在賭場裡當然也一樣。

再看一個運動的例子。網球是大部分由個人能力決定的比賽。頂尖職業選手在五盤三勝的比賽中會打超過六百球,讓他們的能力得以充分發揮(樣本夠大)。因此,最佳網球選手排名在幾年之內幾乎不太會變動。舉例來說,史上最偉大球員之一羅傑·費德勒

（Roger Federer）大約有二百八十八周的時間盤據在第一名寶座（超過五年）。如果看 2010 年底的前四名球員，會發現跟 2009 年底一模一樣，唯一差別在於前兩名的位置對調。2011 年，同樣是這四個人。均值回歸的效應幾乎沒有發生，因為個人能力決定了誰能贏得球賽。

棒球則截然不同。即使職業球員的技能都非常強，但棒球其實含有非常高的運氣成分。一位投手可能表現非常好，但卻因為隊友沒有火力支援而輸掉比賽。打者把球打擊出去，這顆球的飛行軌跡只要有些微差異，原本是安打的球就會變成出局。在長達一百六十二場比賽的球季中，最強的球隊也很少贏得超過六成的比賽；均值回歸的效應在棒球中非常強，會把結果推向平均值。棒球與網球不同，因為棒球有太多的隨機因素。在 2009 到 2011 年間，只有紐約洋基隊（New York Yankees）保持在前四強（根據勝場數來計算），而且他們在 2010 年差一點就沒擠進去。因為比賽中總會有九名守備球員在場上，加上每位球員的表現都會有起有落，所以個人能力很容易就被另一人犯的錯誤給抵銷，導致整個系統會向平均值靠攏。所以，不管個別球員的球技多高超，棒球會比網球看起來更像一個由機率決定的遊戲。

通常一般個人或組織的技能，都會隨著時間改變。傑出運動員的表現會隨著年齡增長而下滑，而公司的競爭優勢最終也可能消失殆盡。不過，了解個人能力與成分的比率，依然有助於預測均值回歸的程度。

互動模式不同，但萬變不離其宗

本書提到的一些活動會聚焦在個人，包過認知活動（音樂）、體力活動（體操）、或個人與系統互動的活動（樂透）。這些活動都有高度的獨立性，也就是表示過去發生的事情並不會影響未來要發生的事。在這些案例中，個人能力會決定大部分的結果。

但在其他許多活動中，個人或團體得面對好幾個競爭對手。舉例來說，一家公司推出新產品，可能會同時面臨好幾個競爭同業。在某個聯盟中參與競爭的球隊、或某支球隊的單一球員表現，也屬於這一類型。在這些案例中，過去發生的事情確實會影響未來，也就是所謂的**路徑依賴**（Path dependence）。

最後，還有許多個人與群眾競爭的案例。例如，職業球賽下注和投資，都屬於這種，也就是個人希望用自己的能力來打敗群體。歷史告訴我們，群眾可能比較聰明，但也可能非常荒謬。

目前所描述的事件，我都直接把它們視設定為依循常見的分配情形。舉例來說，棣莫弗恆等式可以應用到常態或鐘型分配，但無法應用在含有極端偏差案例的事件中。真實世界其實非常混亂；而且我們很快就看到一些金字塔型的分配，而非單純的鐘型曲線。如果我們可以適當地研究這些活動，當你釐清了個人能力與運氣的錯綜關係後，你會明白該如何評斷過去事件、並預測未來。

方法的局限

納西姆・塔雷伯（Nassim Taleb）提出了一個有效的方法，來辨別統計在什麼地方有用、在什麼地方卻派不上用場。他提出一個2×2的矩陣，直列區分的是有高度變異性的活動，以及較低變異性的活動。[30] 變異較小的事件，便可交由棣莫弗恆等式來解釋。人類身高的分布就是一個典型案例，因為記錄上最高的人與最矮的人之身高比例僅五：一。但高度變異性的活動，就比較棘手。舉例來說，財富的分配就非常極端。比爾・蓋茲（Bill Gates）的身價超過500億美元，這是美國人財富中位數的五十萬倍。

矩陣的橫軸則是回報的差異，分為單純的回報與複雜的回報。二分法的回報很單純：例如比賽不是贏就是輸；銅板不是正面就是反面。同樣的，要做出數學模型便相對簡單。複雜的回報，就像戰

圖表 1-2　塔雷伯四象限

	單純回報	複雜回報
結果變異小	I 極度安全	II （勉強）安全
結果變異大	III 安全	IV 黑天鵝區

來　源：Nassim Nicholas Taleb, The Black Swan: The Impact of the Highly Improbable（New York: Random House, 2010）, 365

爭的傷亡人數。你也許能夠預測一場戰爭，但你無法評估戰爭的影響。圖表 1-2 就是塔雷伯的矩陣。

在第一象限到第三象限中，統計都很有效，而我們要處理的事情也大多落在這三個象限中。第四象限的問題複雜的多，但很多人還是自然而然地把前三象限的方法用到第四象限裡，最後釀成大禍。雖然我們的討論大多會聚焦在統計能處理的領域，但我們也會探討一些方法來處理第四象限的事情。

02
會贏，不一定是因為你能力出眾

英國的科學與數學作家西門・辛格（Simon Singh）在演講時，會播放一小段齊柏林飛船（Led Zeppelin）的著名搖滾樂曲〈天堂之梯〉（Stairway to Heaven）。多數聽眾都很熟悉這首歌的旋律，有些人對歌詞也瞭如指掌，可以一起跟著唱。接下來，他會倒過來播放這首歌。你應該能猜到，整首歌聽起來簡直不知所云。辛格會積極地詢問大家，有多少人聽出以下的歌詞：

It's my sweet Satan, The one
我親愛的撒旦，
Whose little path would make me

049

他的小徑讓我哀傷

sad whose power is Satan.

他的力量就是撒旦。

Oh, he'll give you, give you 666

喔，他會給你，給你六六六

There was a little toolshed where

他有一個小棚子

He made us suffer, sad Satan.

他會讓我們痛苦，哀傷的撒旦

　　這些文字有點怪，但關於撒旦的主題卻很鮮明。儘管如此，座位裡沒有一個人第一次就能聽出這些歌詞。接著辛格再次播放這首倒過來的歌，這次他在螢幕上打出歌詞，加上標記，讓聽眾容易跟上。當然，這次聽眾都精準無誤地聽見了歌詞（之前可什麼也沒聽到）。第一次反過來聽的時候，整首歌極不協調，但隨著辛格說出當中含意，原本不知所云的歌詞，都變成了清晰的詞語。[1]

　　辛格的演示清楚說明，為什麼我們很難了解「能力」與「運氣」所扮演的角色。只要我們的心中出現定見，便能合理解釋周遭世界。這樣的能力包涵兩個重要因素：其一，我們都熱愛編構故事；其二，我們也希望找出因果關係。當這兩個要素混合在一起，導致我們相信過去發生的事情都是定局,並忽略了其實還有其他可能性。

故事、因果關係與事後歸因謬誤

耶魯大學史學教授約翰‧路易斯‧蓋迪斯(John Lewis Gaddis)生動地描繪我們所認知的時間。他認為,在尚未發生的未來裡,能力與運氣獨立並存。幾乎每個人都明白,未來有無限可能,很多事件都是有「可能」會發生,但實際上並未成真。這些未來的可能性,會透過漏斗般的通道,延伸到當下的時間點;而當下發生的事件,就是能力與運氣融合之後產生的結果。把各式各樣的可能性轉化成單一事件,這個過程便造就了歷史。[2]

舉例來說,你當然有絕對的信心,認為自己的駕駛技術足以讓你開車到附近的雜貨店買東西,然後平安無事地開車回家。但是當你真正上路時,這趟旅程卻可能演變成各種不同的歷史。其中一種情況是,一台波音七六七客機在飛過你的車頂時,因意外導致引擎砸落在你的車上,結果你死於非命。另一種情況是,你在轉彎時沒注意到一台摩托車,結果你讓這位騎士死於非命。還有一種情況是,一台聯結車煞車失靈,從後面追撞你的車,結果你得在醫院住上一個月。但真正發生的狀況是,你開車到雜貨店、買了該買的東西，然後回到家。在這個歷史過程中，你活得好好的。你之所以活著，是因為你的開車技術好？還是因為運氣好？

回顧過去可以發現，能力與運氣看起來都已成定局，儘管我們所經歷的歷史只是千萬種可能性的其中之一。雖然我們都會認為未來充滿無限可能，但我們很快就忘記了一件事：自己的經驗其實是萬千種可能性的其中一種。結果就是，我們經常從過去的事件累積經驗，但實際上卻是錯的經驗。如同前例，你可能會認為自己是個技術良好的駕駛，所以不可能發生交通意外。這其實是非常危險的結論。

人都喜歡故事。[3] 當我們與他人溝通互動時，「說故事」是最有力、且最能打動人心的方法之一。我們的父母會說故事給我們聽，我們也會說同樣的故事給自己的小孩聽。大家為過去發生的事下定論，並且希望從小故事中得到大啟示。

說故事的傳統可以追溯到數千年前，甚至比書寫更早。所有故事都有共同的成分。故事都有起頭，有引人入勝的事件，帶出一連串的情節。說故事的人會解釋為何事情會如此演變，當然這些原因也可能是他自己杜撰的。隨著故事進展，各種行動也跟著出現，劇情急轉直下。有趣的故事都有懸疑與意外的成分。如果某件事情變得十分危急、緊張關係升高、或者當劇情發展出乎預料，我們會變得特別沉迷於其中。故事都會有高潮，也都會有結局：主角可能成功、也可能失敗；隨著事件落幕，原本的緊張也回歸平靜。

事出未必有因

人類心靈都非常渴望了解因果關係。[4]當我們看到某個結果時，我們很自然會想要找出原因。加州大學聖塔芭芭拉分校（University of California, Santa Barbara）心理學教授麥可‧加薩尼加（Michael Gazzaniga）曾研究過因為治療嚴重癲癇而進行胼胝體（Corpus callosum）阻斷手術的病人；胼胝體正是連結左腦與右腦的神經束。加薩尼加和他的同事藉此了解左腦與右腦如何運作，因為這些病人的兩個半腦無法溝通，必須獨立運作。

其中一個重要結論就是，他們認為左腦「包含了一個特殊區域，這一區會詮釋我們隨時隨地接收的資訊，並且將資訊編構成故事，讓我們的自我意識與信念形成一個持續不斷演進的敘事。」[5]加薩尼稱此區域為詮釋者（Interpreter）。左腦的主要工作之一，就是找出每一件事的原因，來合理化這個世界，即使這些原因可能根本不合理。

在一項實驗中，加薩尼加拿了兩張圖卡給一位裂腦症病人看。病人的左眼（由右腦控制）看到了下雪的風景。他的右眼（由左腦控制）卻看到了一隻雞腳。實驗者要病人挑出一張與其所見相關的圖卡，這位病人用左手（右腦控制）挑了一個鏟子，右手（左腦控制）則挑了一隻雞。也就是說，兩個半腦各自產生了一個適當的回應。舉例來說，右腦正確地選出與它看見的東西相關的事物：鏟子與下雪。然而，右腦無法表達語言，多數人都是如此。所以在這個案例中，左腦只知道自己看到了雞的腳，還有一個莫名其妙選出來的鏟子。要怎麼解決這種衝突？只能編造一個故事。當研究人員詢問病人為何這樣選，這時左腦的詮釋者就開始運作，「哦，很簡單啊。雞爪當然與雞有關，而你需要一把鏟子才能清理養雞棚。」他不會說「我不知道」，因為左半腦會根據它知道的事情來編造一個回應。[6]

哈佛大學心理學家史迪芬・平克（Steven Pinker）把左腦的這個功能稱做「謊言產生器」（Baloney Generator）。他寫道，「讓人感到詭異的是，我們沒理由相信病人左腦的謊言產生器與我們的有何不同，因為我們也會合理化腦中其他地方產生的資訊。我們的心靈——也就是自我、或是所謂的靈魂——它其實扮演著化妝師的角色，而不是總司令。」[7]加薩尼加的病人清楚地說明了我們的腦是如何運作。

為了解釋過去發生的事，我們也會很自然地用到組成故事的基本要素：起頭、結局、和原因。[8] 我們的世界有各種事件正在上演，而我們卻不知道發生了什麼事；事實上，我們根本無從知道事情的真相。但是當我們知道結局時，我們就可以創造一個故事，來說明事情如何演變至此，以及背後的原因。[9] 簡單來說，歷史就是用既有的事實來拼湊故事，並解釋之前發生的事。歷史學家必須挑選一些必要的事實與人物，來創造一個連續、有條理，也可信的敘事。對我們而言，分析過去必須具備兩個關鍵要素：我們必須知道結果、還有我們希望了解事件的成因。但這兩個要素卻常讓我們陷入麻煩。我們對於事情的因果關係，心裡大都已有定見。但我們卻不願相信自己可能被這些成見所蒙蔽。

錯誤連結

我們常以為，如果事件 A 發生後，出現了事件 B，那麼 A 就是 B 的原因。即使是塔雷伯這位研究隨機性與運氣的專家，在難跳脫出這個謬誤。

他的故事是這樣的：他每天都搭計程車到紐約公園大道（Park Avenue）與五十三街路口，然後從五十三街的入口進到辦公室工作。有一天，司機一反常態，讓塔雷伯在靠近五十二街的入口下車。這一天他在交易衍生性金融商品時，績效異常的好。隔天，他要求計程車司機讓他在公園大道與五十二街交叉口下車，希望延續成功，他甚至還配戴著前一天的領帶。他在心智上當然明白，自己在哪裡下車、或是穿戴什麼配件，跟他金融交易的成敗根本扯不上關係，但他還是讓迷信決定了自己行為。他坦言，在他心底，他相信自己從哪個入口進公司、或身上穿的衣服，是讓他成功的原因。他提到，「一方面，我說話就像個嚴守科學分際的人，但另一方面，我私底下的迷信，其實和那些藍領交易員沒有兩樣。」[10]塔雷伯從五十二街進辦公大樓、然後賺大錢；所以從五十二街進大樓就是他賺錢的原因。這種錯誤的連結就是所謂的事後歸因謬誤（Post hoc Fallacy）。這個詞是從拉丁文來的，「Post hoc ergo propter hoc」，意思是「後於此故因此」。過去兩百多年來，許多科學研究的目的都是要打破這種錯誤想法。

知道故事的結局還會導致另一種錯誤，就是卡內基美隆大學（Carnegie Mellon University）心理系教授巴魯・費契霍夫（Baruch Fischhoff）所說的「潛在認定」（Creeping Determinism）。他指出，人都有一種傾向，就是認為「已經成真的結果似乎都是無可避免的。」[11]儘管一件事情在真相大白之前環繞著迷霧與各種不確定因子，但只要我們知道答案之後，不僅迷霧馬上煙消雲散，其後面的路徑也變得一目了然,甚至變成了唯一可能的路徑。

回到能力與運氣的話題:就算我們都知道一件事往往牽涉到能力與運氣,但是每當我們知道事情的結果時,我們經常會忘了運氣的重要性。我們會把事件拼湊成一個令人滿意的敘事,包括清楚的因果關係;而我們會開始相信一切都已注定,事情之所以發生,都是因為我們的個人能力。這或許有演化上的原因。在遠古時代,認為自己能夠掌控一切的人,會比那些一切都歸因於運氣、根本放棄嘗試的人更容易存活。

約翰・葛拉文(John Glavin)是喬治城大學(Georgetown University)英文系教授,負責教戲劇寫作。葛拉文花了許多時間來了解如何完成一個好的敘事;他強調,故事可以用來溝通演戲的方式。我們會用故事、尤其是歷史故事,來學習該怎麼做。「敘事與道德其實是緊密連結的,」他提到,敘事會告訴我們什麼該做、什麼不該做。」但是,當我們試著從歷史學習時,儘管原因可能並不存在,但我們很自然會尋找原因。葛拉文補充道,「如果故事要產生效果,那麼裡頭就要有人扛起責任。」[12] 歷史如明鏡,但當中的教訓,往往並不可靠。

樣本不足與索尼的失敗

要讓一位經理人懂得經營公司，最常見的方法就是模仿成功企業的做法。使用這種方法的最著名案例，當屬吉姆・柯林斯（Jim Collins）的《從A到A+》（Good to Great）。柯林斯和他的團隊分析上千家公司，然後從中挑出十一家邁向卓越的公司。他們試著找出這些公司進步的原因、形成概念，然後建議其他公司採用相同的概念、以達到相同的結果。這些概念包含領導特質、人才、以事實為基礎的方法、聚焦、紀律以及使用科技。這個公式很符合直覺、包含了一些很棒的敘事，也讓柯林斯賣了數百萬本書。[13]

沒有人質疑柯林斯的動機。他確實努力想要幫助這些經理人。而且，如果因果關係很明確的話，他的方法確實有效。但麻煩在於，公司的績效總會受到能力與運氣的影響；也就是說，所謂的成功策略不可能永遠有效。所以，把成功歸因於某種策略可能就是錯的，因為你的樣本裡只有贏家。更重要的問題是，有多少嘗試這些策略的公司，最後真的成功了？

牛津大學（Oxford）策略教授哲克・鄧瑞爾（Jerker Denrell）稱此為「失敗案例的採樣不足」（Undersampling of Failure）。他認為，公司學習的主要方法之一，就是觀察成功企業的表現與特性。問題是,經營績效不佳的公司根本難以生存。假設有兩家公司採取完全一樣的策略,其中之一因為運氣好而成功、另一家卻失敗了。由於我們的抽樣根據結果來選、而不是根據策略來選,所以我們只觀察到成功的公司,並假設他們的策略可行。也就是說,我們假設他們的好結果是出自精良的策略、卻忽略了運氣的影響。我們希望連結因果關係,但其實中間沒有關係。[14] 我們無法觀察失敗的公司,因為它們已經消失了。如果我們能觀察它們的話,我們可能會發現,相同的策略根本不適用;最後我們會明白,盲目地複製策略,恐怕只是白忙一場。

鄧瑞爾提出一個情境,其中採取高風險策略的公司,有可能創造極高或極低的績效;而選擇低風險策略的公司,其績效便符合平均水準。高風險策略可能導致一家公司傾全部資源投入一種科技;而低風險策略則是會分散資源、選擇各種不同方案。通常,績效最佳的公司,往往是重押單一選項,而且剛好成功者;績效最差的公司則是做了類似決定,但最後卻失敗的人。隨著時間流逝,成功的公司越來越茁壯,而失敗的公司只能關門大吉、或落入被併購的下場。

有些人希望從這個過程中歸納出成功策略;他們只觀察績效最佳的公司,所以就會做出錯誤推論,認為高風險策略就會創造高績效。鄧瑞爾強調,他並不是要評斷高風險策略或低風險策略的好壞。重點是,你必須考慮完整的策略樣本,以及這些策略的結果,才能從其他公司的經驗中歸納出有用資訊。如果運氣決定了行動的部分結果,這時候你根本不該研究成功案例以及背後的策略;反之,你應該研究策略本身,看看這個**策略是否禁得起考驗**。

我們在前一章提到了德勤顧問公司的麥可‧雷諾(Michael Raynor);雷諾定義的「策略矛盾」(The Strategy Paradox)概念,意指「把公司成功機率推向最大的做法與策略,往往也會把公司失敗的機率推向極致。」他用索尼(Sony)Betamax 錄影帶格式和 MiniDiscs 格式的故事來說明此一矛盾。索尼當年推出這些東西時,公司已經擁有一系列成功產品,從晶體管收音機到後來的 Walkman 隨身聽與 CD 播放機,氣勢如日中天。但是在 Betamax 和 MiniDiscs 方面,雷諾認為,「Sony 的策略失敗並非因為策略不佳,而是因為他們有卓越的策略。」[15]

MiniDisc 的案例非常值得探討。索尼開發出 MiniDisc,希望取代傳統錄音帶,並與 CD 競爭。這種碟片的尺寸更小,不像 CD 容易因為刮傷而跳音,而且還有額外的好處,就是除了能夠播放音樂、還能錄音。索尼在 1992 年發表 MiniDisc,當時這很適合用來取代 Walkman 裡面的傳統錄音帶,保持音樂播放機的可攜性。

索尼確保 MiniDisc 具備許多好處,如此才能旗開得勝。舉例來說,既有的 CD 工廠都能生產 MiniDisc,因此可以快速降低每一片的生產成本,推升銷售成長。此外,索尼擁有 CBS Records 唱片公司,所以他們可以供應高水準的音樂,創造更多獲利。索尼的 MiniDisc 策略充分運用了手上的各種資源,也整合了公司過去累積的各種成功與失敗經驗。

正當 MiniDisc 準備大施拳腳之際,這時每個人好像突然擁有了大量且便宜的電腦記憶體、還有快速的寬頻網路。他們可以輕鬆存取很小的檔案,裡面包含了所有自己喜歡的歌,而且基本上完全免費。索尼努力想要解決的問題,就這麼消失在眼前。突然之間,沒人需要錄音帶,也沒人需要光碟片了。在 1990 年代,幾乎沒人想到世界會出現如此巨大的改變。事實上,這幾乎是難以想像的,但事情就這麼發生了。數位音樂讓 MiniDisc 一槍斃命。雷諾表示,「所有可能發生的問題都發生了,而且每個環節都必須出錯,才能摧毀一個設計縝密且執行妥當的策略。在我看來,MiniDisc 的失敗簡直是意外中的意外。」[16]

我們一直無法解開能力與運氣的複雜關係,其中主要原因之一是:我們會很自然地假設,成功是因為個人能力所造成,而失敗則是因為缺乏能力。但是,如果一件事牽涉到運氣時,這種想法就完全弄錯方向，甚至可能導致錯誤結論。

多數研究都有問題

　　2005 年時，病理學博士約翰・約安尼迪斯（John Ioannidis）發表了一篇撼動醫學研究基礎的論文，名叫〈為什麼多數公開發表的研究發現都是錯的〉（Why Most Published Research Findings Are False.）[17] 他主張，多數研究的結論都有偏差謬誤的問題，像是研究人員希望得到某種結論、或者做了太多測試。他使用模擬方式來證明，有非常高比例的研究結果其實是錯的。在一份共同發表的論文中，他分析了過去十三年內、四十九篇受到高度重視的論文（依據被引用數來判斷），藉此證明他的主張。在這些論文中，有四分之三案例的研究人員聲稱他們發現了有效的介入干預（例如維他命 E 可以預防心臟病）；這些案例便交由其他科學家進行測試。他的分析顯示，隨機試驗（Randomized Trial）與觀察研究（Observational Studies）有非常大的差異。在隨機試驗中，受試者隨機分配接受某種治療或另一種治療（或根本沒治療）。這是最標準的研究方式，因為這樣才能有效找出真正原因，而不只是單純的相關性而已。這也消除了偏差問題，因為進行實驗的研究人員不曉得誰接受了哪種治療。但是在觀察研究中,受試者自願接受某種治療,而研究人員只能接受。約安尼迪斯發現,這種觀察研究的結果有八成以上都是錯的、或是被過分誇大;至於隨機研究,則大約有四之三的結論可證實為真。[18]

約安尼迪斯的研究沒有處理我們所說的能力問題,但他確實談到了因果關係的根本問題。在隨機試驗中,研究人員可以比較兩群類似、但接受不同治療的受試者,藉此了解治療是否產生了不同結果。用這種方式,才比較可能讓結果不受運氣影響。但觀察研究沒有做這樣的分類,所以只要研究人員的方法稍有疏失,運氣的影響力便悄悄出現。兩種研究方法的品質差異實在太大,導致約安尼迪斯建議,面對觀察研究只有一種簡單方法:直接忽視。[19]

觀察偏見與過度實驗的雙重問題非常關鍵,也不是只有醫學研究才會碰到。[20] 很多因素會造成偏差。舉例來說,由藥廠贊助的研究人員,可能會有動機要得出「藥物有效且安全」的結論。儘管科學家通常相信自己是客觀的,但心理學研究顯示,偏見大多在下意識發生且幾乎無可避免。所以,即使一位科學家相信自己所作所為符合倫理,但偏見依然可能產生重大影響。[21] 此外,如果一些研究可以上報紙頭條,這對研究人員的職涯發展也有極大幫助。

過度實驗也可能產生一樣嚴重的麻煩。面對過度實驗其實有一套標準的處理方式,但並非所有科學家都會採用。在許多學術研究中,科學家會大量仰賴統計的顯著性測試。這些測試的目的,是要指出碰巧產生某種結果的機率(正式來說,就是虛無假設為真的時候)。統計上設了一個標準門檻,讓研究人員可以主張其結果具備顯著性。但麻煩就從這裡衍生出來:如果你測了夠多的關連性,最終你會發現,有幾個關連性確實通過了測試門檻,但卻與因果關係無關。[22]

其中一個例子,就是刊登在同儕審查的《皇家學會報告 B 系列》(The Proceedings of the Royal Society B)的一篇論文。該文章提到,早餐吃穀片的女性會比較容易生男孩。[23] 這篇文章自然引起廣泛注意,尤其是媒體。國家統計科學研究院(National Institute of Statistical Sciences)的統計學家史丹・楊恩(Stan Young)與另外兩位同事重新檢驗了相關資料,認為該研究結果可能只是因為過度測驗造成的巧合。基本上,如果你檢驗夠多的關連性,那麼有些關係就會幸運通過統計的顯著性測驗。在這份研究中,研究人員測試了兩百六十四個關連性(在兩段時間測試一百三十二種食物),而各種關係當中的統計顯著期望值,其實已經完全符合隨機性條件。楊恩等研究人員總結道,這些分析「顯示了作者所聲稱的顯著性(結果),只是因為單純的巧合而已。」[24]

所以,如果我們沒有夠大的樣本,我們可能會忽略了一件事:

每一個策略都可能導致非預期的結果,就像索尼 MiniDisc 的例子。相反的,我們也可能整理了大量可能的原因,然後從中找到一個與觀察結果完全無關的原因,就像吃穀片的女性容易生男寶寶的例子。這兩種方法的共同點,就是誤把一個已知的結果連結到另一個無關的原因。在兩種情況下,研究人員都忽略了運氣的重要。

能力哪裡找?棄踢員易覓、外接員難尋

無論是公司或球隊,許多組織都希望從別的組織挖角超級明星來提升表現。他們通常都會砸下大把銀子。這麼做的前提是:超級明星可以馬上把他的能力移轉到新的組織裡。但是花錢挖角的人卻很少思考,這位明星球員的成功是因為運氣好,還是因為他前一份工作的組織架構給予他充分支持?把成功歸因於個人確實可以成就一個好故事,但卻沒有考慮到這位超級明星擁有多少獨特能力、也不確定這種能力是否能一起帶著走。

哈佛商學院(Harvard Business School)的組織行為學教授伯瑞思‧葛羅伊斯堡(Boris Groysberg)曾深入研究這個議題。[25] 他發現,一般組織都認為超級明星的個人能力可以移轉,但實際上卻高估了。他針對華爾街的分析師進行了透澈研究。這些分析師的主要任

務，就是要判斷某支股票的價格是否值得買進。（我過去也曾是其中之一。）《機構投資人》（*Institutional Investor*）雜誌每年都會做分析師排名，可以用來評估分析師的表現。

葛羅伊斯堡研究了超過二十年的分析師排名，並從中找出三百六十六位明星分析師跳槽的案例。如果個人能力是決定分析師績效的單一因素的話，你會預期，他們換工作之後依然可以維持穩定績效。但數據卻否定了這個論點。葛羅伊斯堡寫道，「相較於待在原團隊的明星分析師，這些跳槽的人付出慘痛代價：整體來看，他們換工作之後的績效表現大幅下滑，而且至少受害五年。」[26] 他提出幾個績效惡化的可能原因，總結主因在於他們的能力與前雇主提供的資源相輔相成，換工作後後卻不復見。

奇異（General Electric）是業界知名的管理人才養成所，在標普五百（S&P 500）的公司中，有非常高比例的執行長來自奇異。葛羅伊斯堡和他的同事追蹤了二十位從奇異離開的經理人，他們在1989年到2001年間被挖角到其他公司擔任董事長、執行長或執行長候選人。他們發現了非常大的歧異。其中十家挖角的公司與奇異類似，所以這些主管的能力可以完全移轉，公司的表現也跟著向上提升。其他十家公司則與奇異很不一樣。舉例來說，有一位奇異主管來到一家販售雜貨的公司，但他的自身經驗卻是販售機械用具。儘管有經過奇異的訓練,但在他們掌舵下,這些公司卻無法創造好的股東回報。培養個人能力是一項真正的成就。而個人能力一旦養成後,就會影響我們所做的事、並決定我們能否成功。但個人能力只是影響結果的其中一個因素。一位執行長所處的組織或環境,也會有影響。證據顯示,雇主們經常高估了個人能力的影響力,並低估了組織的影響力。

葛羅伊斯堡和他的研究同事們也分析美式足球隊的轉隊球員,來證明這件事。他們比較了1993至2002年間許多接球員(Receiver)與棄踢員(Punter)。由於每隊同時只有七位接球員在場上,所以許多接球員會大量仰賴球隊的策略,以及與其他隊友的互動,這些因素往往會因為球隊不同而改變。相反的,棄踢員不管在哪一隊,他們做的事情都差不多,與隊友的互動合作也較為有限。這種不同的互動合作模式,讓科學家可以區隔個人能力表現與組織的影響。他們發現,相較於待在原本球隊的人,這些轉隊的明星接球員,往往在接下來幾個球季表現不如預期。至於棄踢員,不管他們轉隊與否,都不會影響他們表現。棄踢員比接球員更容易在不同球隊發揮能力。[27]

就像前面談到的過度實驗或實驗不足的問題,在這裡,若要判斷球員的個人能力是否能移轉,當中的關鍵因素就是「能力與表現的因果關係」。葛羅伊斯堡的研究發現，若組織願意支持這些明星球員，那麼他們的成功機會將大幅提升。但我們看到許多人都會高估個人能力的重要性，無論是探討接住達陣球的能力、或是銷售摩托車的能力。

故事可以掩蓋能力

我們會根據自己的信念與目標來建立敘事，藉此重建事件的經過。但這麼做的結果是，我們常常無法了解真正的因果關係，尤其難以了解能力與運氣在一件事當中各自產生多少影響力。[28] 如同我們前面提到，我們可能從過小的樣本數得到結論，因而犯錯。我們可能沒有考慮到一件事情背後的所有原因。我們可能做了太多測試，導致最後我們找到的原因，其實只是碰巧具有關連性而已。又或者，我們也許目睹了一個高水準表現，也相信這位巨星具有過人的能力，但事實上除了能力之外，還摻雜組織對個人的大量影響。這些錯誤其實都是可以處理的，但如果我們要避免這些錯誤，就必須了解它們、並思考這些錯誤會發生在什麼地方。當我們試著改善決策流程時，若能努力解開能力與運氣的複雜關係（雖然在執行上有許多困難），這將帶給我們非常大的價值。

03
「運氣－能力」光譜

2006年時，股票交易平台公司 Trading Markets 問了十位花花公子雜誌的玩伴女郎，要她們每人挑選五檔股票，目的是為了要看她們選的股票是否超越大盤表現。當時的優勝者，是1998年5月的玩伴女郎迪安娜・布魯克斯（Deanna Brooks）。她選的股票上漲了43.4％，超過標普五百指數（大盤）的13.6％，更勝過超過九成的基金經理人。這些經理人汲汲營營，無非希望自己的績效能夠超越大盤。布魯克斯不是唯一表現突出的人。在十個女生中，還有四人的績效超過標普五百指數，而一般基金經理人也只有三分之一達到此績效。[1]

雖然這次輕鬆的實驗只是希望引起各界注意，但該結果卻反映了一個嚴肅的問題：一群業餘玩家為什麼可以打敗許多專精於此的投資人？你恐怕不會預期業餘人士可以在一年時間內打敗專業的牙醫、會計師或運動員。這個案例的答案就是：投資是一種大量仰賴運氣的活動，尤其短期內更是如此。我們在本章會提出一個簡單的模型，讓我們可以更深入探討運氣與個人能力的相對貢獻。我們會提出一個架構來思考極端的結果，並告訴你如何預測均值回歸出現的比例。深入探討「運氣與個人能力」的光譜，可以讓我們避免前面章節所提到的錯誤，並做出更好的決策。

樣本大小、非關時間

我們可以透過運氣與個人能力的光譜，來判斷一項活動究竟落在兩個極端間的何處，一邊完全是運氣，另一邊則完全是個人能力。一般而言，要判斷兩個極端的活動不會太難。舉例來說，你可以算出一個銅板出現正反面的機會、或是吃角子老虎機的回報。這些活動完全是由機率決定。另一方面，最強的游泳選手幾乎不會在比賽中失手。比賽結果是由他的個人能力決定，而運氣只扮演非常微小的角色（舉例來說，這位游泳高手可能因為比賽期間出現食物中毒而輸掉比賽)。但這些極端案例,其實只是真實世界活動中的非常少數。多數事件其實是介於兩個極端中間。了解一件事情落在何處,會讓你有更充分的背景脈絡來做決策。

當你從光譜的運氣端移往能力端,運氣的成分就變得越來越高。並不是說個人能力不再存在;而是意味著我們需要大量觀察才能確保「個人能力」可以克服「運氣」的影響。也就是說,迪安娜‧布魯克斯必須多選一些股票,且長時間超越專家的績效,我們才能說她具備了高超的選股實力(可能的結果是,她的績效會出現均值回歸,符合一般平均水準的投資表現)。有些像是賣書或賣電影票的銷售行為,其實牽涉到許多運氣成分,但長期而言暢銷書與賣座電影並不會回歸平均值。我們晚一點會回到這個主題,探討其原因。現在我們先探討由運氣決定結果(甚至長期也是如此)的事件。

當能力主宰一切時,只要很小的樣本就能了解事情全貌。費德勒(Roger Federer)在全盛時期,除了一、兩位頂尖球員,他幾乎可以擊敗所有球員。你只需要看他打幾場比賽,就能完全體認這個事實。但如果是深受運氣影響的活動,小樣本便完全無用。你必須要有夠大的樣本,才能合理推論接下來要發生的事。運氣與樣本大小的關連其實很容易了解,我們也畫出一個簡單模型來說明這個重要的概念。圖表3-1列出一個矩陣,底部是運氣與個人能力的光譜,而

圖表 3-1

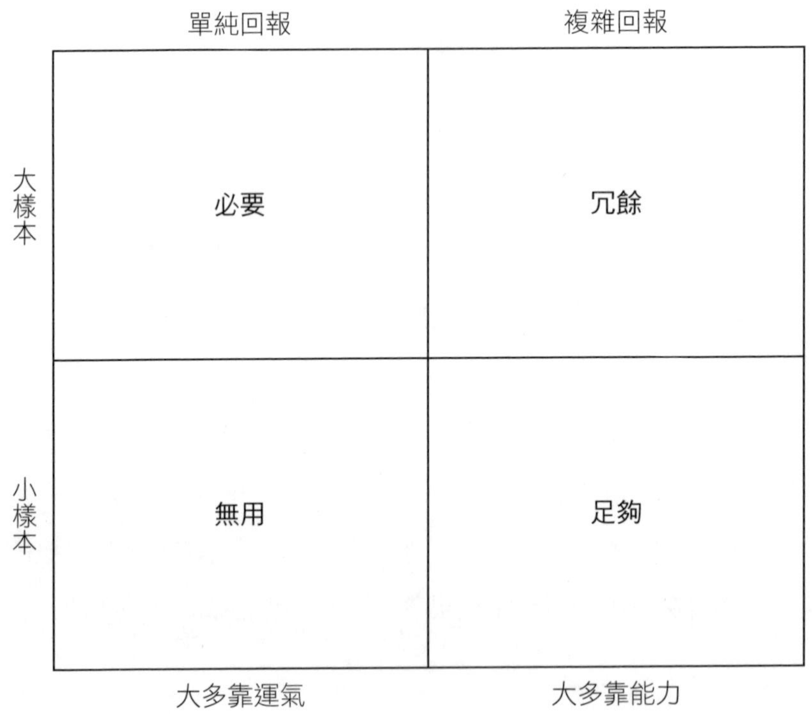

	單純回報	複雜回報
大樣本	必要	冗餘
小樣本	無用	足夠

大多靠運氣　　　　　大多靠能力

來源：作者個人分析

一旁則是樣本大小。為了做出完整判斷，你必須謹慎選擇樣本大小。

我們經常認為，小樣本足以代表大的母體。也就是說，我們會期望看到自己過去看過的東西。這種謬誤可能導致兩種結果。其一，我們觀察一個小樣本，然後誤以為自己掌握了所有的可能性。

這是典型的歸納謬誤——只觀察特殊案例就得到通則。舉例來說，我們看到小學校培養出得高分的學生。但這不代表學校的規模大小會影響學生分數。事實上，小學校裡也有得低分的學生。

很多時候，我們都只能靠自己觀察，而我們也完全不曉得其他可能性。[2] 用統計的詞彙來說，我們根本不知道整個樣本分布長成什麼樣子。如果一件事情受運氣的影響較大，那我們就越可能面臨歸納的風險，導出錯誤的結論。換個方式來說，試想有一位投資人，他在一百天裡頭都採用同一策略，他的交易成果也非常成功。他可能會相信，自己掌握了一種穩贏不輸的賺錢方法。但是當市場條件改變時，他就會轉盈為虧。也就是說，少量的觀察樣本其實無法凸顯市場的所有特性。

我們也可能犯完全相反的錯誤：我們會下意識以為，世界上存在某種超出人類經驗的公平法則、或是負責記錄一切的萬能上帝，讓一切事物到頭來都會正反相抵。這就是**賭徒的謬誤**（gambler's fallacy）。假設你正在擲銅板，然後已經連續出現三次頭像。你認為接下來會出現哪一面？多數人會說文字。感覺上，頭像好像出現的太頻繁了一些。但事實並非如此。因為每一次擲銅板時，出現頭像或文字的機率都是50％，而且前一次擲銅板並不會影響下一次的結果。不過，如果你丟銅板丟了一百萬次的話，事實上你會看到大約五十萬次的頭像與五十萬次的文字。反過來說，在機率的世界裡，如果你擲銅板的時間夠長夠久的話，你也可能連續一百次擲出頭像。

事實上，自然世界中有許多事情確實會達到平衡，導致我們會認為所有事情都將正負相抵。連續下幾天雨之後，終究會雨過天晴、出現好天氣。但如果事情之間是獨立事件、結果不會互相影響，那麼賭徒的謬誤就會誤導大家。影響所及，不僅是天真的賭徒們，就連訓練有素的科學家也難逃魔爪。[3]

在選擇正確的分析樣本大小時，我們會很自然認為，隨著時間過去，樣本數會越來越大。但其實兩者的關係遠比想像複雜。有時候，只要一點點時間就足以蒐集夠大的樣本；但在有些案例中，就算花了大量時間也只能蒐集到很小的樣本。你應該把「時間」與「樣本大小」視為這兩件獨立的事。

在評估體育賽事的時候，其實就反映了這一點。在職業籃球NBA裡面，一場比賽的時間是四十八分鐘，兩隊大約各有九十五次持球進攻的機會。由於兩隊持球的次數大約相同，因此「持球進攻次數」與「比賽輸贏」幾乎沒有關連。能夠把持球機會轉化成實質分數的球隊，才能贏球。相反的，男子長曲棍球的比賽為六十分鐘，但每支球隊持球進攻的次數大約只有三十三次。所以在籃球場上,一支球隊每分鐘可以持球將近兩次,但在男子曲棍球則要好幾分鐘才能持球一次。籃球的樣本數幾乎是曲棍球樣本數的兩倍。也就是說,籃球的運氣成分較小,比賽的輸贏大多由個人能力決定。由於長曲棍球的樣本數太少,而且球場上的互動次數非常高,因此雖然比賽時間較長,但運氣對比數的影響也比較大。[4]

雙罐模型

想像你有兩個裝滿球的罐子。[5] 每顆球上面都有一個號碼,就像樂透彩一樣。其中一個罐子的球代表個人能力,另一個罐子的球則代表運氣。數字越大越好。你從一個罐子拿出一顆代表能力的球、再從另一個罐子拿出一顆代表運氣的球,然後把兩個號碼加起來得到一個數字(見圖表 3-2)。

圖表 3-2　能力與運氣的分配曲線

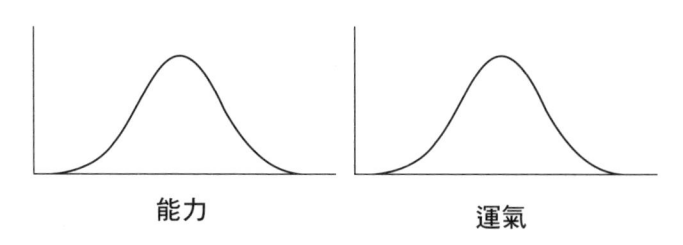

來源:作者個人分析

如果要表達一個完全仰賴個人能力的活動,我們可以把運氣罐子裡的球全部換上 0。如此一來,只有代表個人能力的球才會被計入。如果我們要一個完全靠運氣的活動(例如輪盤),我們就把另一個罐子的球全部換成 0。

然而,事實上大多數的活動其實都混雜了能力與運氣。

我們可以用一個簡單的例子來說明。假設代表能力的罐子裡只有三個號碼:–3、0 和 3;代表運氣的罐子則有 –4、0 和 4。我們很快可以列出所有可能性:–7 代表著能力最差、運氣不佳;7 則是結合了卓越能力與好運氣(見圖表 3-3)。當然,我們想要分析的真實狀況遠比這個例子複雜許多,但這些數字已經足以說明幾個重點。

因此,就算能力很強,但如果運氣的影響夠大,且從罐子中拿求的次數很少的話,還是有可能得到很低的分數。舉例來說,如果

圖表 3-3　簡單的雙罐模型

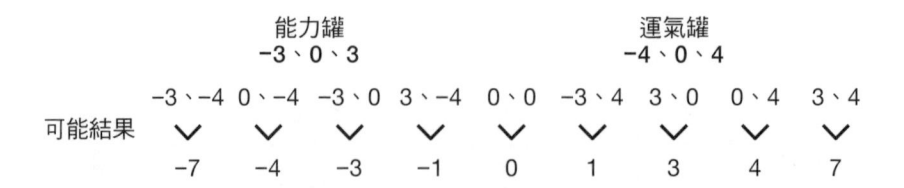

	能力罐 –3、0、3					運氣罐 –4、0、4		
	–3、–4	0、–4	–3、0	3、–4	0、0	–3、4	3、0	0、4	3、4
可能結果	∨	∨	∨	∨	∨	∨	∨	∨	∨
	–7	–4	–3	–1	0	1	3	4	7

來源:作者個人分析

你的能力有 3 分、但你從運氣罐抽到了 −4，那麼運氣的影響便超過了能力，你便得到 −1。你也可能完全沒有能力卻得到好結果。你的能力低到只有 −3，但運氣卻有 4，加起來分數仍然是 1，結果不算差。

當然，隨著你增加樣本數量，這種效果也跟著消退。你可以這樣想：假設你的能力指數一直穩定維持在 3 分。你只從運氣的罐子抽籤。短期來看，你可能會抽到一些代表好運氣或壞運氣的數字，這種效應可能會維持一段時間。不過把時間拉長的話，你抽出的運氣號碼期望值將是 0，因為球的號碼是 0、4 和 −4，剛好平均為 0。最後，你的能力，也就是 0，終究會顯現出來。[6]

能力越強，運氣越重要

這個概念同樣適用於我所謂的「個人能力的矛盾」。隨著個人能力持續提升，個人表現會變得比較穩定，因此運氣就變得更重要。哈佛大學知名古生物學家史蒂芬・傑伊・古爾德（Stephen Jay Gould）用這個概念來解釋，為何自泰德・威廉斯（Ted Williams）1941 年在大聯盟紅襪隊創下整季 0.406 的打擊率記錄後，再也沒有球員的打擊率可以維持在四成以上。[7] 古爾德先提到幾個常見的解釋。首先，夜間比賽、長途舟車勞頓、人才流失、投手變強，都使得打者受到壓抑。儘管這些因素或許都有一些影響，但都不足以解釋為何無法達到四成打擊率。另一個可能是，威廉斯不僅是那個年代最強的打者，甚至比之後至今的球員都還要強。古爾德馬上否定這個說法，因為證據顯示，只要是能夠用數字測量的運動，球員的長期表現都會逐漸進步。威廉斯當年固然是非常優秀的球員，但放在今天的大聯盟，恐怕也很難如此大放異彩。

乍看之下，這似乎說不通。但是，1941年之後，棒球圈的進步似乎沒有像其他運動這麼明顯，因為過去幾十年球員的平均打擊率一直相對穩定，維持在0.260到0.270之間。不過，在這個穩定的數據下，其實隱藏了兩個重要的發展。首先，打擊率反映的不只是打者的個人能力，而是投手與打者的互動。這就像比腕力一樣。由於投手與打者的能力絕對值都往上提升，因此彼此的相對關係就維持不變。雖然當今的投手與打者可能都是歷史上的一時之選，但他們的進步是步調一致的。[8] 但這種同步發展並非完全由自然決定。大聯盟的高層其實會插手其中。例如，1960年代末，當時因為投手太強、壓過了打者，所以他們改變了規則，包括降低投手丘高度五英寸、同時縮小裁判的好球帶，讓打者可以有更好表現。因此，投手與打者之間的平衡，其實反映了球員的自然演進，當中也有聯盟官方一定程度的介入。

古爾德提到,現在之所以沒有四成以上打擊率的打者,是因為所有職業球員的能力都提升了,因此最好球員與最差球員之間的差距也縮小了。過去六十年來,球員訓練大幅精進,也使得能力差異變小。此外,聯盟開始吸收外籍球員,擴大人才庫。來自多明尼加和墨西哥的球員,例如山米・索沙(Sammy Sosa)和費南多・瓦倫蘇瑞拉(Fernando Valenzuela)帶來了更高的技術層次。同時,運氣依然扮演重要角色,決定個別球員的打擊率。當投手的球一出手,我們依舊難以預測打者(不論能力多強)是否能擊中球,以及球打出去後的結果為何。

用統計的術語來說,雖然打者的能力持續提升,但打擊率的變異性已經隨著時間縮小。從圖表 3-4 可以看出,自 1870 年代以來打擊率的標準差與變異係數之走勢。

變異性即是標準差的平方,所以標準差與變異性的下降是同步發生的。變異係數是將標準差除以所有打者的打擊率平均數,可以看出個別打者的打擊率距離聯盟平均的發散程度。數據顯示,過去幾十年來打擊率正逐漸趨於集中。古爾德研究的是打擊率,但其實其他相關統計數字也有同樣趨勢。舉例來說,投手自責分率(也就

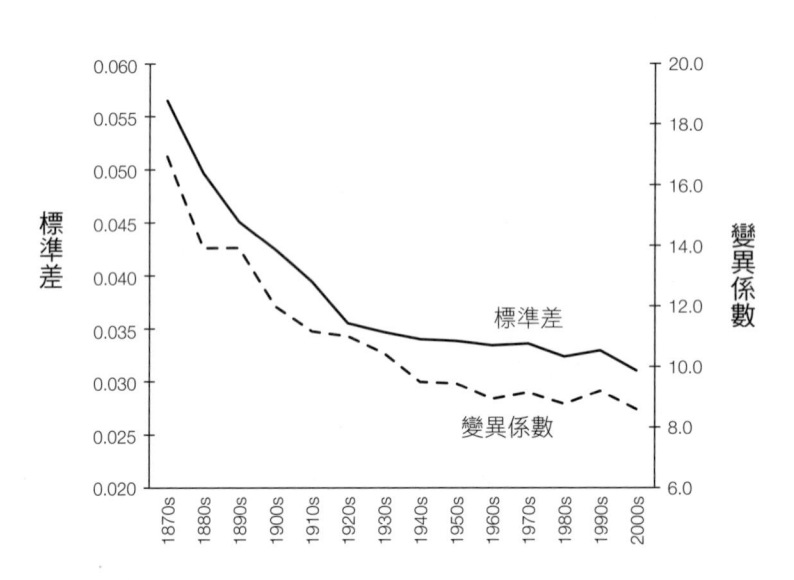

THE SUCCESS EQUATION

圖表 3-4 大聯盟打擊率的標準差逐漸下降

來源：作者個人分析

是看投手每九局會出現的自責分）的變異係數也在過去幾十年來呈現下滑。[9]

變異性的下滑可以解釋為什麼再也沒出現打擊率四成以上的打者。由於每個人都進步了，所以其實沒有人能明顯勝出。威廉斯在那個年代是個菁英打者，而且球員的變異性夠大，讓他可以得到如此高的打擊率。如今，因為變異性大幅減低，因此菁英打者要達到這樣的打擊率，可能性微乎其微。如果威廉斯帶著 1941 年時的打擊能力來到今日的大聯盟,他的打擊率恐怕根本無法靠近四成大關。

要在大聯盟打中球,可以說是所有運動中最艱難的任務之一。大聯盟投手的球速上看每小時一百英里,加上進壘時可能有內外角與高低差異,使得任務變得更複雜。能力的矛盾就顯現在:雖然現在大聯盟球員的能力都比過去提升,但現在能力對打擊率的影響力卻不如過往。這是因為打者的成功與失敗之間,是由出棒位置的些微之差,以及出棒速度的毫秒之別所決定,這是充滿爆發力、甚至接近全自動的揮擊動作。但因為所有人的能力都比以前提升,因此運氣的變化也變得更加重要。

你應該已經知道,如何把個人能力的矛盾應用在其他的競爭活動。舉例來說,一間公司可以加強自己的絕對表現,但如果其他公司也做一樣的事的話,那麼大家還是會維持原有的競爭平衡。[10] 或者是,假如股票價格完全反映了市場上所有的資訊,那麼投資人能否正確預測股票漲跌,就交由運氣決定了。如果商業、體育與投資市場中的人都複製所謂的「最佳做法」,那麼運氣將會有更大的影響力。

至於運氣成分低、甚至不帶運氣的活動,個人能力的矛盾將會導出一個明確且可驗證的預測:隨著時間拉長,絕對表現將逐漸接近人類能力的極限,例如跑一英里所需的時間。當最優秀的競爭者

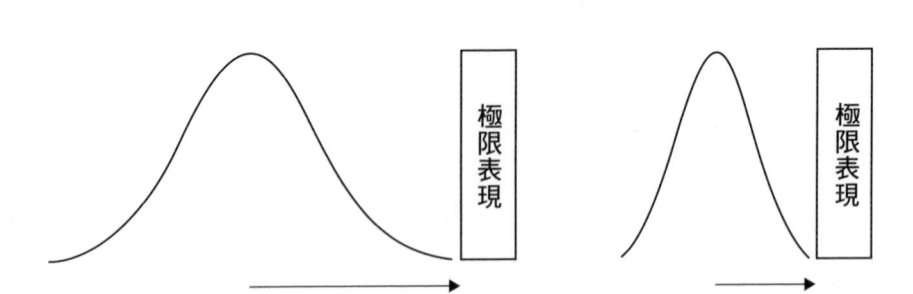

圖表 3-5　個人能力的矛盾導致結果趨於集中

長期而言，距離極限表現的距離會縮小，大家的結果會變得集中。

來源：作者個人分析

逐漸接近這個極限，他們的相對表現就會開始收斂集中（見圖表 3-5）。隨著時間過去，圖片會從左邊轉化成右邊。個人能力的平均值逐漸往極限靠攏，而且隨著變異性降低、分布曲線的右尾會變得更陡，大家的表現也會越來越接近。

我們可以測試這個預測，看其是否成立。就以馬拉松來說好了，這是個歷史最悠久、也是最受歡迎的活動。馬拉松的距離是二十六英里又三百八十五碼。這是 1986 年奧運會的原始比賽項目；在更早的一百五十年前，傳說中希臘人菲底皮底斯（Pheidippides）從馬拉松戰場一路跑到雅典，因為他的國家在馬拉松這個地方打敗了波斯人。當菲底皮底斯抵達目的地時,他高喊「我們贏了!」然後就筋疲力盡、倒下死亡。

運動電視台ESPN的運動科學(Sports Science)節目主持人約翰‧布蘭卡斯(John Brenkus)在他的著作《完美極限》(*The Perfection Point*)中談到人類表現的極限。他考量了幾個生理因素之後,總結道人類跑馬拉松的最快速度就是一小時五十七到五十八秒。[11] 在寫這本書的時候,馬拉松的世界記錄保持人是由肯亞選手派翠克‧馬考(Patrick Makau)所保持,時間是兩小時三分鐘又三十八秒。所以根據布蘭卡斯的估計,馬考的記錄比人類極限還要慢五分鐘四十秒。

圖表3-6可以說明,從1932年到2008年間,奧運男子馬拉松比賽的兩種結果。第一個是優勝者所花的時間。這些年來,優勝者的表現進步了大約二十五分鐘。換算下來,參賽者跑每英里的時間幾乎縮短了一分鐘;這是非常顯著的進步(有在跑步的人都會明白),儘管人類花了四分之三個世紀才達到這記錄。這份圖表也顯示了金牌得主與排名第二十名的的差異。這裡也出現了「個人能力的矛盾」,差距從1932年的四十分鐘下降到2008年的九分鐘。也就是說,當每個人的能力都進步之後,排名第二十的跑者與冠軍的差異,也跟著縮小了。

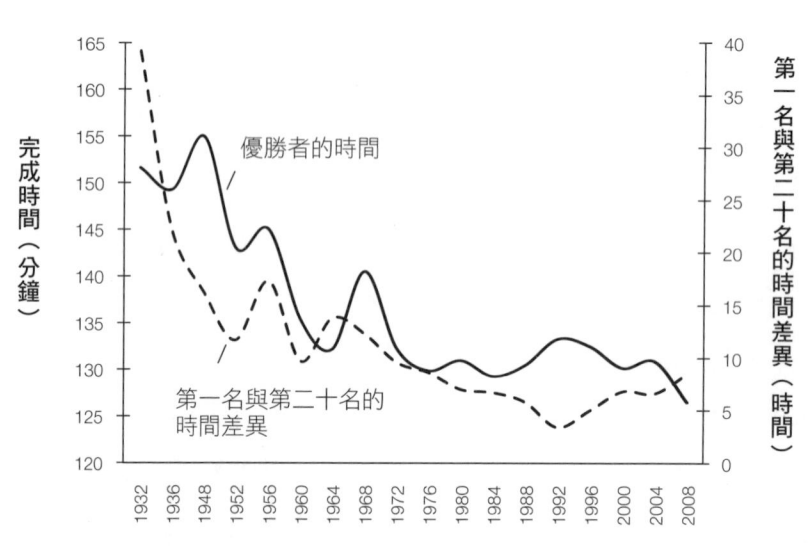

圖表 3-6　奧運男子馬拉松的完賽時間與個人能力的矛盾

來源：www.olympicgamesmarathon.com 以及作者個人分析

雙罐模型說明，如果運氣分布的變異性，超過個人能力分布的變異性，那麼短期內運氣的影響力的確有可能超過個人能力。換言之，如果每個人都變強了，那麼輸贏反而是由運氣所決定

極端異數的成因

別忘了，在雙罐模型中的極端值分別為 –7 與 7。要得到這兩個數值的唯一方式，就是要結合最低的能力與最差的運氣、或是結合

最佳的能力與最好的運氣。由於表現最差者通常會被競爭環境所淘汰，因此我們就聚焦在最好的情況。我們可以提出一個基本論點：成功必須結合個人能力與大量的運氣。光靠其中一個因素是不可能的，你必須兩者兼備。

這正是麥爾坎・葛拉威爾（Malcolm Gladwell）的著作《異數》（Outliers）中的主題。葛拉威爾提到了昇陽（Sun Microsystems）共同創辦人、現為億萬富翁的比爾・喬伊（Bill Joy），他也是矽谷創投公司凱鵬華盈（Kleiner Perkins）的合夥人。喬伊一直都異常聰明。他在 SAT 考試的數學部分得到八百分滿分，在十六歲進入密西根大學（University of Michigan）就讀。他的運氣很好，因為當時密西根有全國僅有的幾台電腦，還有鍵盤與螢幕。其他地方的話，一般人必須把打孔卡放到電腦裡，才能做事（或者乾脆等待專業技師來幫忙）。喬伊大學時花了許多時間學習編寫程式，所以當他進入加州大學柏克萊分校就讀資訊科學博士班時，他已經遙遙領先其他人。在柏克萊完成博士學位後，他練習寫電腦程式的時數已經有一萬小時。[12] 但是，真正讓他創辦軟體公司並累積大筆財富的原因，其實是因為他結合了個人能力與運氣。他原本也可能空有聰明才智，然後進入一所根本沒有互動式電腦的大學。喬伊必須從雙罐中抽到兩個好的號碼，才有可能成功。

葛拉威爾認為，成功的關鍵經常被認為是取決於個人的特質，也就是他們的忍耐力與個人天賦。但仔細研究之後就會發現，運氣其實扮演著重要角色。如果歷史是由贏家所寫，那麼歷史肯定也是在描寫贏家的故事，因為我們都喜歡看到清楚的原因與結果。如果故事的原因都是因為運氣，那就太無聊了。所以當我們討論成功時，我們往往太過關注個人能力，卻不夠重視運氣的重要性。其實只要仔細看，運氣其實就擺在眼前。仔細分析這些成功故事，會發現葛拉威爾所言不假：「異數之所以有如此成就，其實是結合了能力、機運，以及完全的優勢。」[13] 這正是雙罐模型所要表達的精神。

極端異數還有另一種呈現模式。我們回來看古爾德、棒球、還有那1941年的球季。這不僅僅是泰德・威廉斯創下 0.406 打擊率的一年；在此期間，傳奇球星喬・迪馬喬（Joe DiMaggio）也創下連續五十六場比賽出現安打的記錄。把這兩個記錄相比，一般認為迪馬喬的記錄更難打破。[14] 雖然至今沒有人能打破威廉斯的四成打擊率記錄，但喬治・布列特（George Brett，1980年打擊率0.39）與羅德・克魯（Rod Carew，1977年打擊率0.388）其實已經相當接近。至於最接近迪馬喬記錄的，則是1978年的彼得・羅斯（Peter Rose），他的連續安打場次為四十四場，只有迪馬喬記錄的八成。

古爾德寫道，「連續長時間的好表現，必然結合了異常好的運氣和極佳的個人能力。」[15] 從雙罐模型來看,確實是如此。你可以這麼想:假設你從代表個人能力的罐子中抽出一次數字球;接下來連續從運氣的罐子中抽出數字球。如果要有連續不斷的好表現,你一開始就必須從個人能力的罐子中抽出高分球,然後還要從運氣罐子中抽出高分球。古爾德強調,「只有最強的球員才能創造長期的連續安打,因為一般來說他們擊中安打機率會比平均高。」[16] 舉例來說,一位三成打擊率的打者要連續擊出三支安打,機率是2.7%(也就是0.3的三次方),而兩成打擊率的打者要連續擊出三支安打,機率則僅有0.8%(亦即0.2的三次方)。光靠好運是不夠的。並不是每一個偉大的球員都曾有連續安打記錄,但寫下最長連續安打記錄的,都是厲害的打者。這一切都是有根據的:曾經連續三十場比賽以上敲出安打的打者,他們的平均打擊率為0.303,遠高於聯盟的長期平均值。[17]

這個原則當然適用於棒球以外的運動。不管是什麼樣的運動、甚至是商業與投資領域,要連續勝出,都必須有好的能力與運氣。運氣確實會帶來連續的成功;我們很容易以為連續的好表現是出於好運,但事其實是結合了能力與運氣。無論在什麼領域,每個人的能力都會有差異,只有能力最強的人,才有會有連續的好表現。

「均值回歸」與「詹姆斯—斯坦估量」

雙罐模型也是一個用來思考均值回歸的有效工具；理論上，如果某次結果距離平均值太遠，那麼接下來的結果會比較接近平均值。我們來看看四種最佳情境（個人能力 –3 分、運氣 4 分；個人能力 3 分、運氣 0 分；個人能力 0 分、運氣 4 分；以及個人能力 3 分、運氣 4 分），這四種情境的總和是 15 分。在這 15 分中，個人能力貢獻了 3 分（–3、3、0、3），而運其貢獻了 12 分（4、0、4、4）。現在我們架設你的個人能力數值是固定的，你的能力在這次實驗中都不會改變。然後你從代表運氣的罐子中抽出新的一組號碼。你認為新的總和是多少？由於你的能力一直保持在 3 分，而運氣的期望值為 0，所以新的總和期望值為 3。這就是所謂的均值回歸。

我們也可以針對最差的四種結果做實驗（能力 –3 分、運氣 –4 分；個人能力 0 分、運氣 –4 分；個人能力 –3 分、運氣 0 分；以及個人能力 3 分、運氣 –4 分）。這些數字加起來總和為 –15，而能力的貢獻為 –3。這時候，從運氣的罐子抽出號碼的期望值為 0，所以總和會從 –15 變成期望值的 –3。在這兩個案例中，個人能力都維持不變；好運與壞運的影響看似很大，但會縮小為 0。

多數人好像都明白均值回歸的概念，不過利用「雙罐模型」以及「運氣－個人能力」光譜，其實點出了一個重要的面向。在雙罐模型的實驗中，你只從能力的罐子抽一次球，接下來就假設你的個人能力會固定不變。長期來說，這是個不實際的假設，但短期來說其實非常合理。接下還你從運氣的罐子抽出號碼、記下數值、然後放回去。隨著你一次又一次抽出球，你的數值會逐漸反映出穩定的能力與運氣的變異。在這樣的實驗中，你的個人能力會決定你最後變成贏家、或是輸家。

一件事情在光譜上的位置，會決定均值回歸的**速度**，也就是會決定你的分數會多快回歸到平均值。舉例來說，假設有一項活動完全是由個人能力決定，絲毫沒有運氣成分。這意味著，你從能力罐抽出號碼後，運氣罐抽出的號碼一直是 0，表示運氣不會影響結果。所以每次的分數，就只是單純反映你的能力。由於這個數值不會變，因此也就沒有所謂的均值回歸。跳棋高手馬力安・汀斯利（Marion Tinsley）可以一整天連勝不止，而且完全不靠運氣，因為他的棋藝就是比一般人強。

接下來，假設能力罐中的號碼全部都是 0，你的分數完全取決於運氣。如此一來，結果完全由運氣決定，因此每次抽出球的期望值都一樣是 0。所以每一次的結果都反映了完全的均值回歸。全靠能力的活動完全不會有均值回歸；反之，全靠運氣的活動則有完全的均值回歸。所以，如果你可以判斷一件事究竟位於「運氣─個人能力」光譜上的哪個位置，那麼你已經成功踏出判斷均值回歸的第一步。

在真實世界裡，我們在做決定時，往往無法確定能力與運氣究竟占了多少比例。我們只能觀察事情的結果。不過，我們可以使用詹姆斯─斯坦估量（James-Stein Estimator）中的「收縮因子」（Shrinking Factor）概念[18]，來釐清均值回歸的速度。我們可以用一個具體案例來說明這個概念。假設有一位叫喬伊的棒球選手，他在球季中的打擊率為 0.350，而其他所有球員的平均為 0.265 五。你應該不會認為喬伊能夠永遠保持 0.350 的打擊率，因為就算他是一位優於平均水準，但近期的好表現恐怕也帶有一些運氣。你想知道，隨著時間拉長，他的打擊率會變成什麼樣。最好的預估方法，就是調降他的打擊率，往 0.265 的方向調整。「詹姆斯─斯坦估量」可以告訴你，喬伊的高打擊率應該要調降多少，才能真正反映他的長期能力。我們就直接看看這個方程式：

估計的真正平均值＝總平均值＋收縮因子×（觀測平均值─總平均值）

估計的真正平均值，也就是喬伊的真正能力。總平均值代表所有球員的平均（0.264），而觀測平均值是喬伊這段期間的打擊率

（0.350）。兩位統計學家布萊德利‧艾弗隆（Bradley Efron）和卡爾‧莫里斯（Carl Morris）曾針對此一主題發表過經典文章，他們估計，一般球員打擊率的收縮因子大約是 0.2（他們用的是 1970 年球季的打擊率資料，樣本數相對小，所以這個數值僅供說明參考，並非絕對精準）。[19] 所以，使用詹姆斯—斯坦估量之後，喬伊的平均打擊率如下：

估計的真正平均值 ＝ 0.265 ＋ 0.2×（0.350-0.265）

答案是，喬伊大多數球季的打擊率可能會落在 0.282 左右。這個等式也可以用於打擊率低於總平均值的球員身上。舉例來說，如果一位打者的打擊率只有 0.175，那麼其估計的真正平均值可能是 0.265 ＋ 0.2×（0.175-0.265）。

如果一件事情全由個人能力決定，那麼收縮因子就是 1.0。意思就是，下一次結果的最佳預估值，其實等於前一次的結果。馬力安‧汀斯利在下跳棋時，你如果要猜測下一盤比賽的贏家是誰，你的最佳答案應該就是馬力安‧汀斯利。如果你假設個人能力在短期內是穩定不變的，而且運氣沒有任何影響，那麼你的預測結果應該就是如此。

如果是全靠運氣的活動，那麼收縮因子就是 0。這個意思是，下一次結果的期望值完全就是運氣分布的平均值。在大部分美國賭場裡，輪盤遊戲的運氣分布平均值是 5.26%──不管你的能力有多強，都無法改變這個賭場優勢。短期內你可能大贏大輸，但如果你玩的夠久，你會輸掉 5.26% 的錢。如果能力與運氣的重要性相等，那麼收縮因子就是 0.5，位於兩個極端的中間。所以，我們可以根據一件事在光譜上的位置，來賦予它一個收縮因子。越是靠近能力的活動，那麼收縮因子就越接近 1。反之，如果運氣的成分越大，那麼收縮因子便越趨近於 0。我們會在後面的章節提出一些案例，來說明這些收縮因子與個人能力的相關性。

詹姆斯—斯坦估量可以有效預測所有摻雜了能力與運氣的活動。其中一個案例是，一家公司的資本投資報酬率會隨著時間過去而出現均值回歸。在這個案例中，均值回歸的速度取決於公司的競爭力，以及所屬產業的狀況。一般而言，科技公司（以及產品生命週期短的公司）會比較快回歸到平均值；相較之下，需求穩定的知名消費性產品公司，則比較慢出現均值回歸。因此，電腦硬碟公司希捷科技（Seagate Technology）會比生產 Tide 洗衣精的寶僑公司（Procter & Gamble）更快出現均值回歸，因為希捷必須不斷創新、甚至他們的熱銷產品也不會在貨架上販售太久。換言之，科技公司的收縮因子比較趨近於 0。

同樣的,投資是一件高度競爭性的活動,而短期來看運氣的影響非常大。所以,如果你用過去的績效來評估基金經理人的未來績效,那麼你應該使用較低的收縮因子。過去的績效不保證未來的結果,因為投資活動牽涉到太多的運氣成分。

了解均值回歸的概念,將有助於你做出好的預測。另一方面,「運氣—個人能力」的光譜,則提供一個實際的方法,讓我們了解均值回歸的速度、甚至可以進一步測量,我們已經從雙罐模型看出端倪。

截至目前為止,我們都假設罐子裡的號碼呈現常態分配。但在真實世界中往往不是如此。真實的狀況中,分配往往屬於非常態。此外,個人能力水平也會隨時間改變,不管是運動員、公司,或投資人都一樣。我們透過雙罐模型找到一個方法,可以處理這些不同的分配方式。我們會在後面的章節檢視個人能力如何隨著時間改變,以及運氣的不同形式。

將運氣與能力變成視覺化的光譜,可以讓我們透過簡單的概念來呈現許多複雜的知識內涵。我們可以藉此了解到,原來運氣可以完全贏過個人能力,尤其像是花花公子玩伴女郎選股的短期案例。

我們也藉此可以思考極為罕見的優秀表現，例如比爾‧喬伊（Bill Joy）和喬‧迪馬喬（Joe DiMaggio）。我們還藉此了解均值回歸的幅度，探討了棒球員的打擊率。這些概念都有助於我們未來進行預測。

接下來我們要討論如何把某一種活動放到這個光譜上。我們會討論，個人能力如何隨著時間改變，以及改變的原因。我們會檢視一些常見的運氣類型。我們會判斷，哪些東西可以構成有用的統計。換言之，現在我們要實際操作「運氣—個人能力」光譜的概念，並加以應用。

04
光譜上的位置

我的其中一個兒子艾力克斯（Alex），是一位活躍的划船選手。這項運動需要付出大量的努力和心血；就像賽跑一樣，比賽的輸贏大多是由個人能力決定。有一次艾力克斯告訴我，他的教練們不准一旁的家長與加油團在賽前向選手說「祝你好運」（Good Luck）。教練認為，大家應該向選手說「做的好」（Good Effort）。在他看來，如果運氣無法讓選手勝出，那麼大家就沒理由祝選手好運。

你在網路上搜尋一下，可以看到許多網站號稱可以讓你從吃角子老虎機器贏錢。有一些研究（以及少數賭場）顯示，吃角子老虎機是個期望值為負的遊戲。每當你投進 1 元，機器大約只會還你 0.8

元到 0.9 元。我之前提到，你根本不可能提高玩吃角子老虎的贏錢機率；當時我的朋友、也是哈佛大學政治經濟學教授李查・柴克豪瑟（Richard Zeckhauser）把我拉到一邊，告訴我其實這遊戲有專業玩家。[1] 也許真的有吧？但就算真的存在這樣的專家，人數恐怕也不多。短期而言，吃角子老虎機的輸贏是由運氣決定的。真正具有能力的，其實是這台機器的程式設計人員，他們必須找到一個平衡點，讓玩家可以賺到一些錢、來鼓勵他們繼續投錢，這樣賭場才能長期維持獲利。[2]

划船位在「運氣—個人能力」光譜的其中一端，所以向參賽選手說「祝好運」其實並不合理。吃角子老虎機器則是另一端，所以如果有一套系統，宣稱憑著個人能力就可以打敗機器，並不切實際。這兩種活動屬於極端，但大多數活動其實都結合了運氣與能力。至於何者影響較大、占比較高？這才是關鍵問題。

要處理這個問題，我們必須能夠把各種活動放到光譜上的適當之處，來表達一項活動中帶有多少運氣與能力成分。我們要思考該使用什麼樣的分析單位、多大的樣本，並考慮時間會對該活動產生什麼樣的影響。我們可以從不同層次來分析各種活動，而不同的層次也代表著不同比例的運氣與能力。舉例來說，一位棒球員的三振／打數比例，可能是落在光譜上的某一處；至於一支棒球隊在整個球季中的表現，可能會落在完全不同的地方。打者被三振的比例可能混合了投手的能力、打者的能力，還有運氣的成分。但不管是投手或打者，都不需要與隊上其他球員互動。這種一對一的對決，往往深受個人能力影響，運氣的影響則比較小。

至於一支球隊的整個賽季表現，就大不相同了。你不但要考慮到更多球員的能力，而且最後的成績還會受到傷兵（壞運）、表現的正常起伏（好運與壞運），以及各種專業表現中的自然機率差異所影響。

如果一項活動大部分是由個人能力決定，我們就不需要擔心樣本的大小，除非能力的水平變化太快。如果是運氣決定的活動，那麼你很難從小樣本觀察到真正的能力。隨著樣本數增加，個人能力的影響才會慢慢變得清楚。事實上，即使是同一項活動，你也可能因為樣本的大小差異，而把該活動放到光譜上的不同位置。樣本夠大，才能充分揭露能力與運氣的貢獻。

我們舉一個簡單的例子。假設我們用一般的策略來玩 21 點。圖表 4-1 顯示出當你下注一百次、一千次和一萬次時，你預期可以贏的次數。如果今天有非常多玩家、每個人都玩一百局，那麼當中有 51％ 的玩家會輸給莊家、49％ 的玩家會打平、或是贏莊家。但如果每個玩家參與的局數增加到一萬次，那麼有三分之二的玩家會輸、只有三分之一賺錢。幾乎沒有人打平。隨著你的參與局數增加，莊家優勢也變得更明顯。

另一個同樣重要的因素，就是時間。我們在測量時間時，往往是用地球繞行太陽一週的時間來衡量，繞一圈就是一年。體育活動則是用賽季來衡量，在每年當中的這段時間，球隊會在聯盟中互相

圖表 4-1 使用相同策略玩 21 點的贏錢機率，會因為下注次數而異

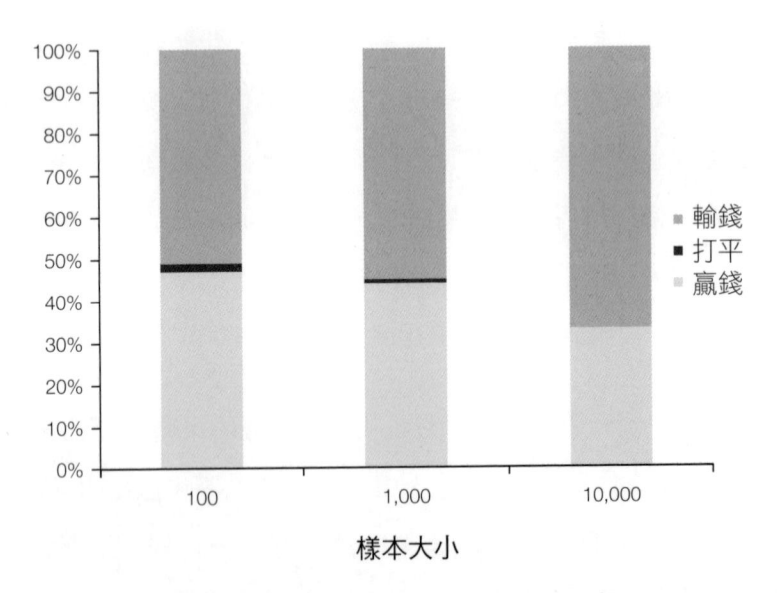

來源：David Spanier, Easy Money: Inside the Gambler's Mind（New York: Penguin Books, 1987）, 149.

競爭。企業通常會公布季度和年度財報,另外也會以三年到十年的時間來評估員工的績效與薪酬。投資人也會使用季度和年度評估企業表現。當我們打算評估投資經理人的績效時,最常用的時間長度是他過去三年的表現。[3]

我們在本章會討論三種方法,來判定一項活動究竟落在「運氣—個人能力」光譜上的何方。一開始我們會先詢問一些基本問題,應該可以讓我們有一些明確方向,判定某種活動在光譜上的位置。這種方式有些主觀,但只要夠謹慎,其實仍然非常有用。接下來,我們會用模擬方式更精準地判定其位置。我們會結合全能力與全運氣的分配狀況,將其結合後,與真正的結果進行比對。最後,我們會用一種體育統計學家常用的方法來評估,並使用雙罐模型的架構來分析。這個方法會把運氣從我們觀察的結果中抽離出來,只剩下個人能力。我們同樣可以把這些方法應用到真實世界的商業與投資環境中,儘管這些資料並不像體育資料般乾淨單純。

用三個問題找出事件本質

要把一項活動放到「運氣—個人能力」的光譜上,第一個方法,就是要思考活動的本質,以及活動的後果。從這些基本的回答中,我們其實可以得到許多豐富資訊,而且也可以供我們未來作決定時參考。

▌因果關係

首先,想想你能否很快找出眼前事件的原因。有些活動的因果關係非常清楚。你可以重複某種活動,然後得到同樣的結果。這些活動通常都是穩定且線性的。穩定的意思是,這個特定活動每一次都會產生同樣的反應。如果你可以輕鬆找到某個結果的原因,那麼這件事可能落在偏向個人能力的這一端。如果很難判定,那麼運氣成分就多一些。[4]

我們用一個例子來說明:假設你是一位業餘網球選手,你心想,只要每次擊球時你的眼睛都盯著球看,你的成功機率就越高。你照做,然後發現,只要目不轉睛盯著球,你就能擊出更多的回擊球,這絕非因為運氣好。你確實提升了個人能力。另一個案例是,你每次到賭場玩輪盤遊戲時,頭上都戴著你的幸運帽。你在前三次贏了大約 50 美元到 100 美元。從此之後,你去賭場一定都戴著這頂帽子。接下來幾次,你的好運持續,只要戴帽子就贏錢。然而,在一次颳大風的午後,你的幸運帽被吹到河裡,從此再沒看過這頂帽子。當晚,你在輪盤遊戲贏了 1 千美元。接著在一星期後的週末,你因為沒戴幸運帽而興奮不已,當晚你下了大注,卻輸掉2千美元。這下你應該明白,你根本難以找出因果關係。這件事,自然落在比較接近運氣的一端。

再舉一個更複雜的例子。試想,一般製造業具備兩個元素。其中之一就是實際的製造流程。世界級的製造商會建立非常清楚的流程,可以高度重複,而且將錯誤率降至非常低。目前已經有非常豐富的文獻,將統計方法應用在製造流程上,以達到降低成本目的。[5] 其中一個眾所皆知的案例,就是六個標準差的方法,目的是為了要降低生產流程中的變異性。達到六個標準差能力的公司,在每一百萬個產品或服務中,只會有不到3.4個瑕疵。奇異和漢威聯合(Honeywell)等公司因為施行這個方法而省下數十億美元。「製造」是一種落在靠近「能力」端的活動。使用統計控制的適當流程,會有很高的機率產生好的結果。[6]

製造業的第二個元素,就是要決定生產何種產品。我們稱此為**策略**,而就算是深思熟慮的策略,依然有可能慘敗收場,例如索尼的MiniDisc,因為成功不是一個線性過程。這當中牽涉到許多因素,包括競爭者、技術發展、法規改變、一般經濟局勢,以及變化莫測的消費者喜好等原因。雖然長期而言好的策略比較可能導致成功,但就算有好的流程也不一定能有好結果。所以,甚至在同一家公司裡面，有些事情固然大多仰賴能力，但很多也是看運氣。

附帶一提，隨著個人在職涯中往上爬，他們的任務也會慢慢移向運氣的一端。製造部門的領導者過去因為某些原因而成功，但當他升遷到執行長位置時，他過去的技能已經無用武之地，因為這個職位已經很難釐清決策成敗的因果關係。反饋的本質，也跟著變得更具挑戰性。在個人能力決定的活動中，反饋通常很清楚。但是當因果關係中含有運氣成分時，高品質的反饋交換也變得更困難。

回歸的速度

本書的第二個問題，已經在先前討論過：究竟均值回歸的速度有多快？要回答這個問題，你要有衡量績效的方法。舉例來說，你可以記錄一間公司的獲利、或是觀察基金經理人打敗標準普爾五〇〇指數的次數。在這些案例中，你可以計算結果、並且了解他們有多快回歸到平均值。由個人能力主導的活動，那麼均值回歸會比較慢；反之，如果運氣成分較高，那麼均值回歸會快得多。

預測可以在哪派上用場？

第三個、也是最後一個問題：我們在哪些領域會預測得比較準確？換言之，專家何時能派上用場？答案是，你必須檢視、評估這些專家過去的預測記錄。如果專家的預測一直都很一致且精準，那麼個人能力就是主要的因素。反之，如果專家沒有共識，而且預測不準，那麼當中通常牽扯到許多運氣成分。

　　一般而言，具有高度預測性的領域包括工程、某些醫學領域，以及諸如西洋棋和跳棋等比賽。舉例來說，跳棋盃賽會根據他們與對手的輸贏，以及對手當時的等級，來決定比賽選手的等級。如果你比對手的等級高 200 分，那麼一般預期你有七成五的機率會贏得比賽。如果你贏了，你的等級會微幅增加。但如果輸了，你的等級會大幅下降。[7]因此，儘管個人能力會一直變化，但你的等級積分就是一個可靠的預測指標，可以用來預測你的表現。

　　反之，面對政治、社會與經濟系統，專家卻經常束手無策。[8]幾十年前，研究者就已經發現了這個事實。不過，真正讓人訝異的並不是他們糟糕透頂的預測記錄，而是社會大眾依然持續相信他們。專家之所以茫然，是因為政治、社會與經濟是會不停變化的複雜系統。當你看到一個結果時，例如股票市場的暴起暴落，這當中牽涉到許多個人的互動。複雜適應系統會模糊因果關係。你根本無法做出預測，只能用最廣泛、最模糊的字眼來進行描述。[9]

模擬：結合樣本分配與結果配對

我們試著估計能力與運氣的貢獻，首先就是自問，如果事情只牽涉運氣，會發生什麼事；接著問，如果我們看到的結果全都來自個人能力的話，又會如何？我們可以觀察手上蒐集的真實資料，看看它落在光譜上何處。

▎當結果全靠運氣

雖然這個方法可以用在任何地方，但運動依舊是最讓人清楚易懂的領域。我們來看足球分析網站 Advanced NFL Stats 創辦人布萊恩‧柏克（Brian Burke）關於美式足球隊（National Football League; NFL）連勝與連敗的討論。[10] NFL 有三十二支球隊，每隊會參加十六場正規賽。我們先假設美式足球是完全靠運氣的運動，然後來計算其分布。那麼，每支球隊的表現，就好像從充滿 1 與 0 的運氣罐中抽出號碼，能力罐中的籤則全部都是 0。換言之，每場比賽的結果就像丟銅板決定一樣（見圖表 4-2）。橫軸代表贏球次數，縱軸則是頻率，也就是聯盟中預料能贏得這些場次的球隊占所有球隊的比例。舉例來說，大約有兩成的球隊預計能贏得一半的比賽，也就是八勝八負；而贏得全部比賽、或是一勝難求的球隊，則少之又少。

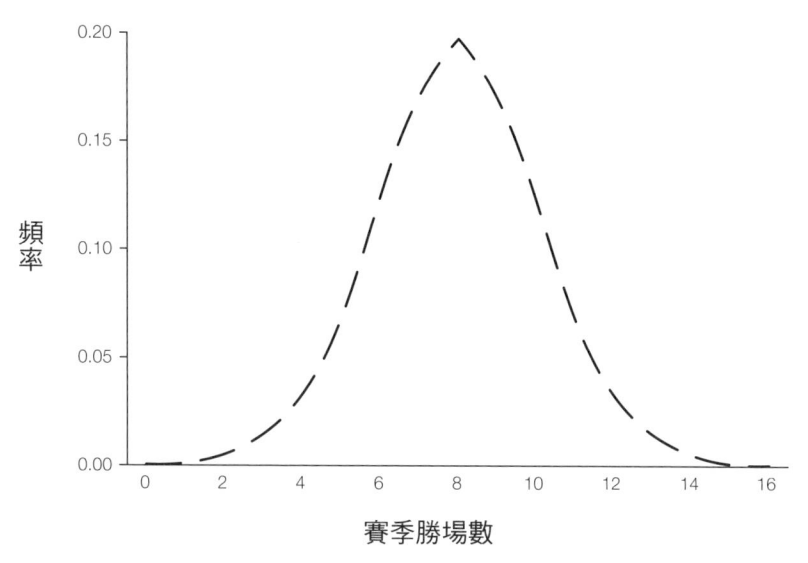

圖表 4-2　假設純靠運氣，NFL 的贏球記錄分布

賽季勝場數

來源：作者個人分析

▌當結果全憑能力

第二步則要思考，如果比賽完全沒有一絲運氣成分，那麼輸贏的分布情況又會如何。我們隨機把球隊賦予 1 到 32 的號碼（因為總共有三十二隊），然後假設排名比較前面的球隊 1 定可以打敗後面的球隊。如果能力分數較高的球隊碰到能力分數較低者，那麼分數高的球隊每次都會贏。這就好像能力罐裡面放了三十二個不同號碼的球，而運氣罐的球則全部都是 0。

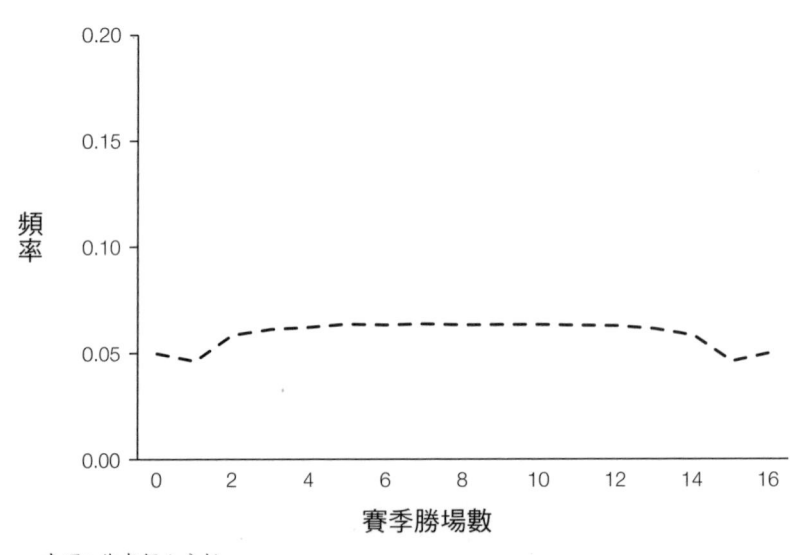

圖表 4-3　假設全靠能力，NFL 的贏球分布

來源：作者個人分析

接下來我們就模擬 NFL 賽程，使用聯盟的賽程安排演算法，把分區內與分區外的球隊混在一起比賽。我們模擬五千個賽季，然後看看分布的狀態為何。圖表 4-3 就是模擬結果。相較之下，整個分配結果的中央相對平坦，而兩端最強的球隊（1 和 2）與最弱的球隊（31 和 32），比例也只有小幅下降。

真實情況

接著我們來看所有 NFL 球隊的真實戰績。圖表 4-4 蒐集了 2007

第4章｜光譜上的位置

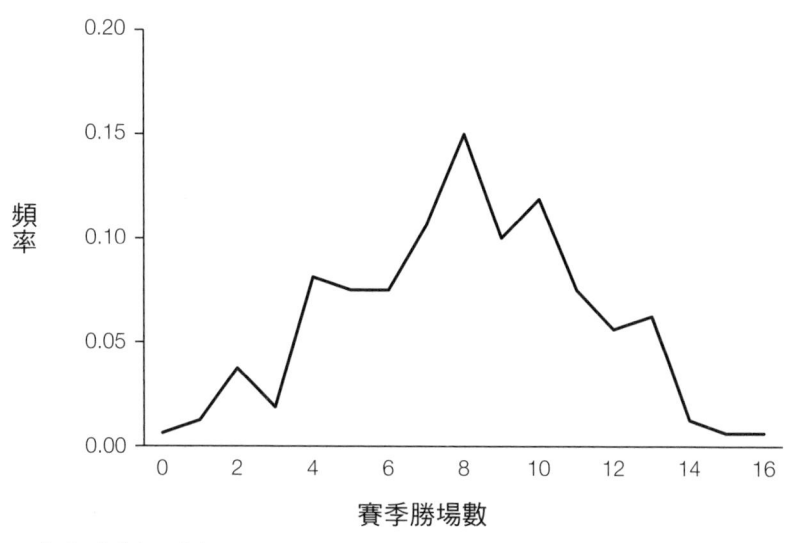

圖表 4-4　真正的 NFL 記錄（2007～2011）

頻率

賽季勝場數

來源：作者個人分析

年到 2011 年之間五個球季的比賽結果。現在我們有三種不同的分布狀況了：一個是全靠運氣的世界、一個是全靠能力的世界、還有一個是反映了真正的結果。

現在我們可以比較三種不同的分配曲線。首先，我們先比較真實情況與純屬運氣的模型（圖表 4-4 與 4-2）。我們可以清楚看到，實際情況的分配曲線中央比運氣模型的分配數低，而且很多球隊的勝場數或敗場數都比運氣模型來的多。接下來比較真實情況與全憑能力的狀況（圖表 4-4 與 4-3），我們可以看到實際結果的分配曲線

107

中央比能力模型來的多,但只有少數球隊贏得全部比賽、或輸掉全部比賽。

最後一步,就是結合能力模型與運氣模型,找出一個最符合真實經驗的結果。把純能力模型加到運氣模型上,會調整部分球隊大贏或大輸的狀況;反之,把運氣模型加到能力模型上,會把分配曲線的中央拉高,讓各個球隊的表現更接近平均。換句話說,運氣會拉高純能力分配曲線的中央,並壓低兩側;而能力會壓低純運氣分配曲線的頂部,並提高兩側。要模仿真實情況,必須結合兩者才行。

在結合兩者時,我們必須釐清能力與運氣究竟對真實結果產生多大影響。我們就把運氣影響真實結果的比例賦予一個數值,叫做 p。如果一個球季的結果完全由運氣影響,那麼 p = 100%。如果全部由能力決定,那麼 p = 0%,也就是沒有一絲運氣成分。如果代表運氣的數值為 p,而且這件事又摻雜了能力與運氣,那麼能力的數值就是 1-p。如此一來,我們可以給 p 不同的數值,然後看看結果的分配曲線。我們所尋找的 p 值,主要希望可以讓我們得到最接近真實結果的分配曲線。這個數值可以告訴我們,眼前的活動究竟位在光譜上的什麼位置。

在這個案例中,最接近真實狀況的 p 值就是 48%(見表圖表

4-5)。最能夠解釋真正結果的模型,就是個人能力占了略高於一半、而運氣則略少於一半。這樣的模型通常會忽略許多重要的脈絡因素,例如主場優勢,以及特定球隊的實際比賽內容。不過,美式足球流行的一句話「星期天什麼事都可能發生」(Any given Sunday),印證了 NFL 裡面還是經常會有讓人跌破眼鏡的事情。

如果運氣決訂了足球比賽的 48%,那麼根據布萊恩・柏克(Brian Burke)的說法,這個模型大約有七成五的時候是正確的。這

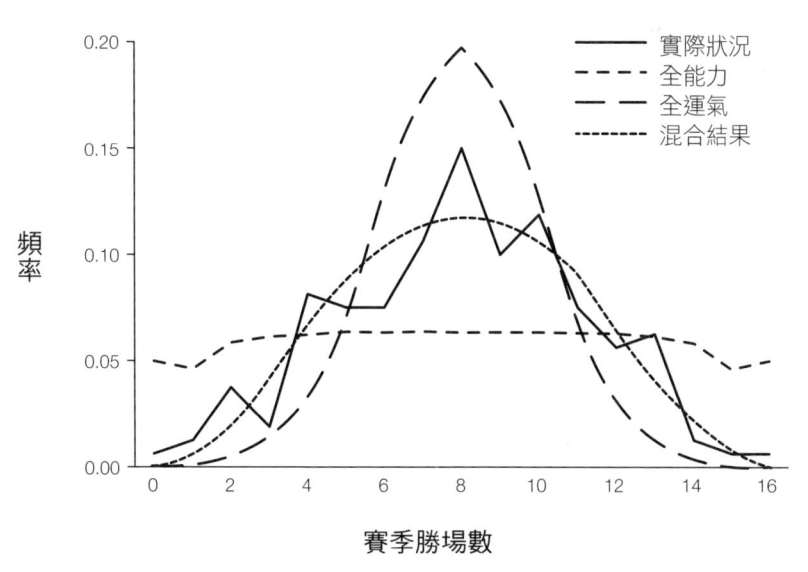

圖表 4-5　混合結果

來源:作者個人分析

也與各種電腦模型與預測一致。

體育賽事是一種非常方便的分析案例，因為比賽只有兩種結果，不是贏就是輸。我們可以很容易看出在光譜上的兩端究竟會呈現什麼樣的分配曲線。在許多其他脈絡下，例如商業環境或投資當中，我們並不知道極端狀況為何。不過這個方法可以讓我們深刻了解虛無模型（Null model）的必要，在分析結果時，先建立一個最簡單的模型來試著解釋。很多時候，其實最基本的問題，就是要判斷運氣是否已經足以解釋事情的始末。

能力＝眼前可見的結果－運氣

要決定一件事情在光譜上的位置，最後一個方法，就是根據所謂的真實分數理論（True Score Theory）。這個理論提供了一個方法來評估個人能力與運氣的貢獻。我們必須要強調，這是一個用來描述真實世界運作的模型。我們從來都不曉得真正的能力為何，而且能力會隨著時間改變。舉例來說，一個運動員的能力會因為年齡增長而有所增減。個人能力也會隨著情況而異。例如，一位網球員可能因為陽光刺眼而表現受到影響。也就是說，這個方法在概念上其實與第 3 章所談的雙罐模型一致。[11]

真實分數理論的等式如下：

變異性（實際觀察到）＝變異性（個人能力）＋變異性（運氣）

要注意，前面的方法必須要找出個人能力與運氣的分配曲線，然後以某種比例相結合後，藉此比對 NFL 球隊的真正記錄。這裡的等式，則是計算個人能力的貢獻。由於我們知道實際觀察結果的變異性、也可以估計運氣的變異性，因此我們可以解出個人能力的變異性：

變異性（個人能力）＝變異性（實際觀察到）－變異性（運氣）

我們來看一個實際案例。備受尊崇的賽博計量學家（Sabermetrician）湯姆・坦戈（Tom Tango）提到，使用真實分數理論有五個步驟。[12] 針對此事，我們來思考 NBA 當中哪些球隊贏球、還有哪些球隊輸球。第一步，就是要把大量的球隊納入考量，而且這些球隊的比賽數必須相同。我們就看 2010 至 2011 年的三十支球隊。NBA 球隊在正規賽季中會參加八十二場球賽。第二步就是要評估球隊的表現。在 2010 至 2011 年球季中，芝加哥公牛隊（Chicago Bulls）的表現最佳，贏得七成五的比賽。明尼蘇達灰狼隊（Minnesota Timberwolves）只贏了二十一場比賽，排名墊底。其他二十八支球隊的勝率,都介於灰狼隊與公牛隊之間。第三步,就要計算勝率的標準差。2010 至 2011 年的標準差為 0.161。這也符合從 2006 至 2007 年球季以來連續五年的平均標準差 0.159。由於變異性等於標準差的平方,所以這裡的變異性(實際觀察到)為 0.161 的平方,也就是 0.026。

第四步是要判斷,如果運氣是決定籃球賽勝負的唯一因素,那麼標準差會是什麼模樣。也就是說,在比賽開打之前,裁判就已經丟銅板決定這場比賽的輸贏。當然這會導致電視轉播變得非常無聊,但這可以幫助我們的計算,因為我們可以估算出下列二元分配的標準差。在下面的等式中,p 代表贏球機率(也就是 0.5),而 n 則是比賽場數(一般球季是八十二場):

$$運氣的標準差 = \sqrt{p * \left(\frac{1-p}{n}\right)}$$

把數字放到等式中,我們可以得到運氣的標準差為 0.552,而運氣的變異性就是 0.552 的平方,也就是 0.003。

在等式的三個變數中,現在我們已經得到了其中兩個變數的變異性。我們可以完成最後一步,就是算出個人能力的變異性:

變異性（個人能力）＝變異性（實際觀察到）－變異性（運氣）

變異性（個人能力）＝ 0.026 － 0.003

變異性（個人能力）＝ 0.023

從這個分析中，我們可以看出運氣的變異性究竟占了實際變異性的多高比例，藉此判斷運氣成分。就 NBA 球季而言，答案是 12％左右（0.003÷0.026 ＝ 0.115）。利用這個方法，我們可以依據各種運動中運氣成分的多寡來進行排名，讓我們了解各種運動在「運氣─個人能力」光譜上的位置。圖表 4-6 列出了各種運動在五個球季裡的平均運氣成分。資料顯示，若運氣的成分越高，那麼該聯盟的球隊表現就越平均。

這種方法得到的職業美式足球之運氣成分，似乎比模擬方式推算的低，儘管兩種方法得到的結果相當接近。此方法的好處是，它相對簡單，卻有很強的解釋力。它也證明了各種不同的活動會有不同的運氣成分。最後，這些結果可以讓我們馬上知道小樣本的可靠度有多高。舉例來說，如果今天要比較十場籃球賽與十場棒球賽，那麼前者所反映的能力成分可能比較高。

另外還有一些沒有顯示在這個表裡，卻值得一提的事情。在同一種運動中，儘管有各個不同的職業聯盟，但運氣的成分其實非常

圖表 4-6　職業運動聯盟中的運氣成分

聯盟	運氣成分	在該年以前的五個球季
美國籃球聯盟（National Basketball Association）	12%	2011
英格蘭足球超級聯賽（Premier League）	31%	2011
美國大聯盟（Major League Baseball）	34%	2011
美式足球聯盟（National Football League）	38%	2011
冰上曲棍球聯盟（National Hockey League）	45%	2012

來源：作者個人分析

接近。舉例來說，在1976年與NBA合併的美國籃球聯盟（American Basketball Association），其運氣的影響與NBA的數值相當接近。同樣的狀況也發生在冰上曲棍球、美式足球和一般足球。也就是說，運氣的成分其實是與活動本身有關；至於聯盟是如何組成、或使用何種規則，相關細節其實影響不大。

此外，球隊的得分機會多寡，也會決定運氣的影響程度。籃球選手的持球進攻頻率大約是美式族球員的八到九倍。進攻機會越多，個人能力的影響就越大。數學家伊恩・史都華（Ian Steward）在他的著作《比賽、結局與數學》（Game, Set & Math）中提出一個簡單的男子網球模型。他指出，如果一個球員在每一賽點的勝出機率為53％，那麼在五戰三勝制比賽中，他有85％的機率會贏得比賽。

至於有60％機率贏得每一賽點的球員,那他幾乎篤定可以贏得比賽。[13] 原因在於,一場網球賽有非常多的發球機會。只要個人能力稍占上風,你就有非常多機會展現你的能力,讓你處於優勢、排除運氣的影響。

此外,在多數運動中,運氣的影響立正隨著時間慢慢增加,這表示球員的個人能力都已提升到同樣的層次。這正是所謂個人能力的矛盾。唯一的例外是籃球:平均水準在1990年以來似乎呈現下滑。籃球似乎跳脫了個人能力的矛盾。但事實上,當仔細檢視籃球的趨勢後,我們就能了解,為何個人能力的矛盾不適用於籃球運動。[14]

人數與能力的矛盾

我們來做個試算。假設我們有一個聯盟,裡面有二十五隊,每支球隊有二十名球員,總共五百人。接下來,假設有一個小鎮,裡頭有一千位運動員讓我們抽選。這些運動員的個人能力分配,如圖表4-7所示。分數越高,代表個人能力越強。

為了滿足聯盟所需,我們就從這個分配圖的右方開始,找出五百位最有能力的球員。我們選走能力值為 6 的二十位球員、能力值為 5 的一百四十位球員,以及能力值為 4 的三百四十位球員。我們可以算出,這些球員的平均能力值為 4.36,標準差為 0.6。在這個聯盟裡,能力值為 6 的人表現自然優於其他球員。

現在,假設我們的聯盟開放給另一個小鎮加入,這個小鎮也有一千個運動員,而也能力分配狀況也一模一樣。如今我們有兩千位球員可選,圖表 4-8 就是新的能力分配狀況。

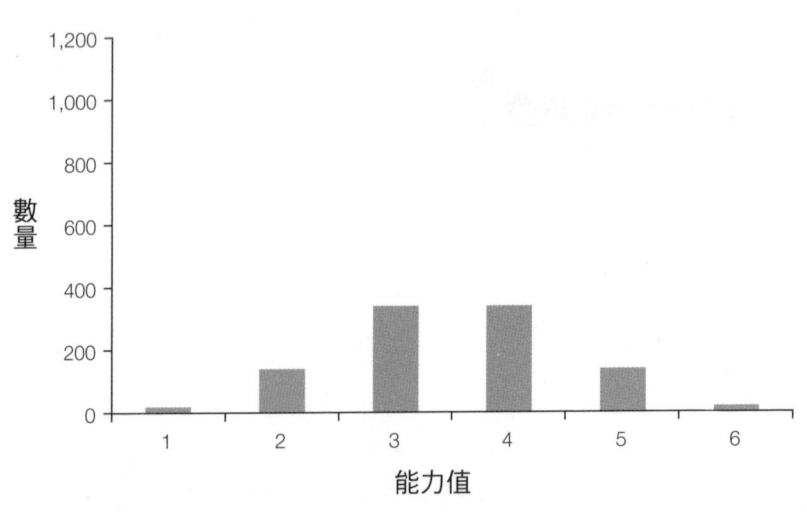

圖表 4-7　母群體為 1000 人的能力分配狀況

來源:作者個人分析

為了打造最好的聯盟，我們會選走能力值為 6 的四十位球員、能力值為 5 的兩百八十位球員，以及能力值為 4 的一百八十位球員。如此一來，我們的平均能力值為 4.72，比之前進步了 8.3%。

最後，我們再增加一個小鎮，裡面有一千位球員、分配狀況也一樣。我們的球員來源，就如圖表 4-9 所示。聯盟裡，會有六十位能力值為 6 的球員、四百二十位能力值為 5 的人，剩下二十人能力值為 4。聯盟的平均能力值再次上升，這是增加 7.6%，來到 5.08。能力值的標準差下降到 0.4。能力值為 6 的人依然表現的不錯，但整體

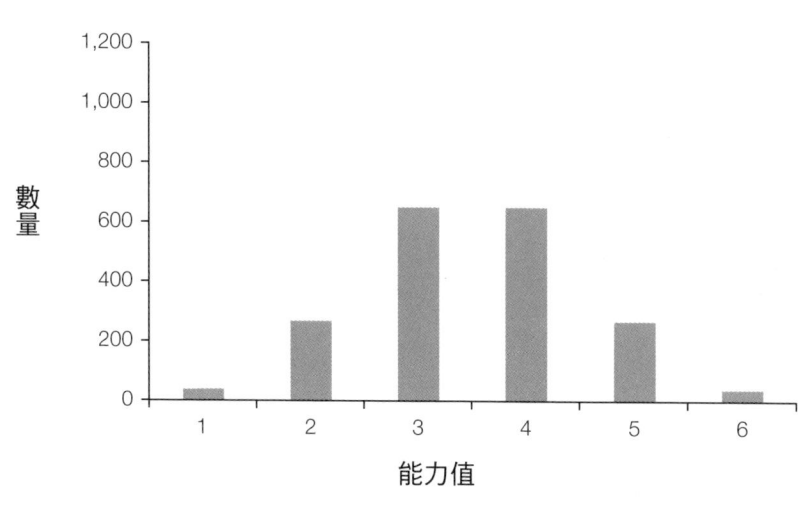

圖表 4-8　母群體為 2000 人的能力分配狀況

來源：作者個人分析

THE SUCCESS EQUATION

競爭性卻大幅往上提升了。這些球員也不像之前那麼的鶴立雞群。

我們可以一直增加小鎮的數量、增加同樣的球員與分配狀況,然後聯盟裡能力值為 6 的球員會一直增加;一直增加到二十五個小鎮後,此時聯盟的平均能力值為 6.0,標準差變成 0。在這些菁英球員中,運氣決定了表現的變異性,導致所有球隊都變得一樣強。[15]

棒球比賽過去就曾出現過這樣的過程。一個世紀以前,職棒選手全都是白人,而且主要來自美國東北方的州。現在棒球選手來自

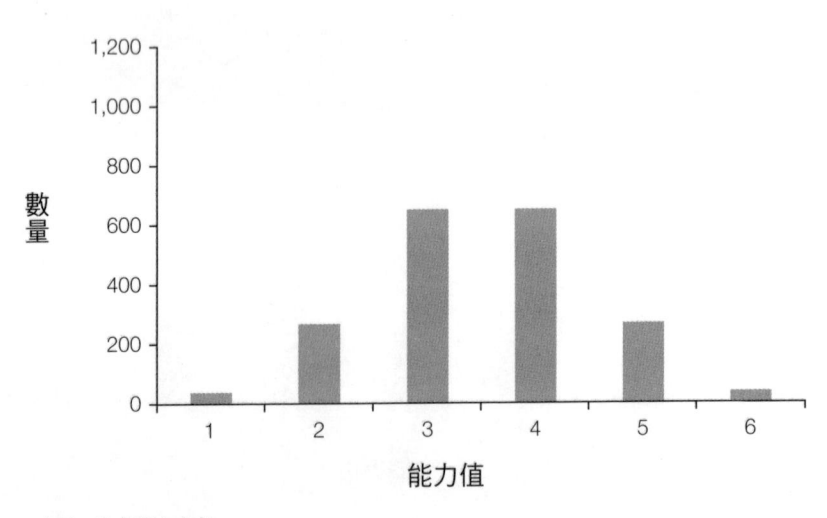

圖表 4-9　母群體為 3000 人的能力分配狀況

來源:作者個人分析

各個不同族群,而且球員來自世界各地。當今有將近三成的大聯盟球員是生於美國以外,遠高於 1960 年代的一成。足球與冰上曲棍球也有類似的發展。我們在上一章討論了個人能力的矛盾。現在我們可以清楚知道背後的運作機制:如果選手的來源擴大,而且聯盟的大小不變,那麼球員的平均能力將會提升。[16]

我們回過頭來看籃球。籃球是全世界第二熱門的運動,僅次於足球。你可能會認為,籃球也有類似的趨勢。NBA 成立於 1946 年,當時所有球員與教練都是白人。如今,將近八成球員是黑人,而且大約兩成的球員來自海外。也就是說,就像其他運動項目一樣,當今籃球比賽的人才庫也比過去變大了。乍看之下,NBA 看起來顯得有些異常。

但事實上,「能力」之所以在 NBA 有非常強、且非常穩定的影響力,其實有一個很單純的原因:球員身高。在大多數的運動賽事中,不管球員是高是矮,只要有能力,都有機會變成頂尖球員。但是,全世界只有少數人的身高可以讓他們進軍 NBA,而且聯盟的平均身高還一直在提高。在所有男性人口中,大約只有 2% 的身高達到六尺四;但在 NBA 裡頭,有八成球員的身高在六尺四以上。NBA 的平均身高為六尺七,另外有 27% 的球員身高超過六尺十;這已經距離平均身高達四個標準差。[17] 超過四個標準差的意思是:在一億人口中，只有三千兩百位男性符合此標準。

這次的試算顯示，在一小群長人中，能力的變異性會比一大群矮個子球員更大。大衛・拜里（David Berri）和史黛西・布魯克（Stacey Brook）等經濟學家試著驗證這個預測。他們比較了兩群球員，一群是低於六尺四的球員、另一群則高於六尺十；接著比較這兩群球員的得分數與每分鐘產出，並計算其變異性。兩群球員的人數相近。他們發現，矮的球員的變異性比高個子小；也就是說，他們的得分能力與產出之範圍，會比高個子球員來的窄。

高個子球員的標準差比較大，正好可以解釋：為什麼NBA球隊的輸贏往往是由個人能力所決定。儘管NBA越來越國際化，但個人能力水準依然有很高的變異性，也就是拜里等研究人員所說的「長人供應不足」。[18] 回到剛剛我們的試想。NBA亟需高個子球員，這表示NBA能選擇的人才池非常有限，所以這就像只能從一個小鎮去選球員、沒有太多可選。只有一個城鎮時，大家的能力會有很大的變異；當城鎮數量變多時，大家的能力差距才會變小。

商業與投資的光譜表現

前面我用運動來說明第二種和第三種判斷光譜位置的方法,因為體育賽事有豐富且相對穩定的數據。在商業與投資環境,這種方法或許沒辦法完全適用,但只要我們能稍微了解一個活動在光譜上的落腳處,就可以幫助我們做決定。

一家公司裡,員工通常會有兩大類的任務;一類是重複性的任務、另外一種則需要不斷嘗試與犯錯。重複性工作通常只要照表操課即可。例如,汽車裝配線上的工人就是如此。每當有一輛車轉到面前,他就把同樣的零件裝上去。雇主可以改善這些流程;員工只要照著做,就可以達成目標。要執行這種重複性工作,大多是由個人能力所完成。

相反的,需要不斷嘗試與犯錯的工作,就無法照表操課。員工必須持續實驗,才能找出有效方法。「擬定企業策略」就是一個例子;其他類似的案例,包括推出新的行銷策略、或是帶領一個團隊完成特定任務。[19] 這些任務都有較高的運氣成分,因為你很難找出因果關係;均值回歸的力道也會特別強,很難預測能否成功。

我們也可以從公司的角度思考能力與運氣的重要。牛津大學策略教授湯瑪士・包威爾（Thomas Powell）用一種新的比較方式，連結了體育與企業經營，把球隊與公司的競爭力加以比較。包威爾研究美國超過二十家企業，並計算這些企業財務表現的自由度。接下來他衡量其他活動的自由度，包括許多運動（棒球、網球、曲棍球、籃球、板球、高爾夫、美式足球和袋棍球）以及其他競爭項目（西洋棋、司諾克撞球、橋牌等）。他發現，這些活動的分布與公司表現非常相似。他提到，「企業表現的分配，在統計上與其他非商業領域的分配幾乎沒有兩樣。」我們已經知道個人能力在運動領域扮演非常重要角色，而這份研究則指出，能力、也就是我們常說的「競爭優勢」，同樣是決定企業成敗的重要因素。[20]

研究人員通常會用資產報酬率（Return on Assets; ROA）定義企業的成功。商業環境與許多領域一樣，成敗都牽涉到許多運氣成分，所以我們必須將結果與虛無模型做比較，才能評估能力的成分有多少。先前第1章簡短提及安迪・韓德森、麥可・雷諾，以及蒙塔茲・阿默德的研究，他們研究了四十年當中的數萬家公司，並蒐集這些企業共二十三萬個經營年頭的資產報酬率數字。這些研究人員很謹慎地建構整個分析，來辨別企業成敗背後究竟是出於運氣、還是能力。

研究的主要發現是，「數據顯示，除了我們以為的偶然運氣成分之外，確實有許多公司可以長期表現突出。」這個結果讓大家鬆了一口氣，畢竟這證實了管理階層的行動或能力，確實可以帶來成功；但我們還需要更多研究，才能判定哪些行動才是成功的真正要素。無論如何，在體育賽事中，我們幾乎可以清楚看出哪些事情是靠能力（例如擊中棒球）；但是當公司創造出高資產報酬率時，我們只能證實這絕非只靠運氣，當中肯定有能力的成分。不過還是要注意，通常非常卓越的表現會被視為運氣，而非實力。[21]

區分能力與運氣，也有助於我們了解投資活動。我們可以把投資人的能力定義為：有辦法在一定期間內、創造優於特定指標性指數（例如標準普爾五〇〇）的風險調整後收益。這些投資經理人的回報總和，不可能大過這個指標，因為整體市場的回報就等於投資經理人的整體回報（或是很接近）。由於這些積極的投資經理人還要收佣金，所以投資人的回報會低於整體市場的回報。

研究投資產業的研究人員，已經回答了我們第一個方法裡的三個問題。市場價格反映了許多投資人的互動，所以我們知道，要在這樣的系統中找出因果關係，簡直難如登天。長久以來，指數大漲大跌已經變成了股市的基本特色；基本上，沒有人能預測短期內的股市表現。[22]

在投資活動中，均值回歸的力道也會非常強勁。投資圈知名人物約翰・柏格（John Bogle）為了一探究竟，他把1990年代的共同基金依照績效分成四組，然後再看這四個群組在2000年代的表現。他發現，1990年代表現最佳、績效優於平均的共同基金，之後他們的相對表現下滑了6.8%。在1990年代表現最差的一組，到了2000年代怎相對上漲7.8%。這種明顯且一致的均值回歸現象，顯示投資活動確實摻雜了許多運氣成分。[23]

值得一提的是，投資領域的均值回歸現象，並非侷限在共同基金而已。不論是資本額多大的公司、不管採取價值型投資或成長型投資、無論是債券或股票，都會受到均值回歸影響，其影響力甚至跨越地理疆界。只有非常少數的投資活動可以免於均值回歸的影響。[24]

在共同基金的研究中，最熱門的一個話題就是「績效持續性」（Persistence of Performance），也就是用來評估可預測性的指標。目前有一些證據顯示基金績效確實有持續性，但這個訊號的強弱會因為研究人員選擇的週期長短而不同。另外，績效差的基金會有比較顯著的效果；而且，如果研究人員調整了其他可能影響股票價格的因素，例如股票市值、評價，以及股價動能後，那麼共同基金的績效強弱持續性，就沒那麼明顯了。[25]

能力的矛盾，可以有效解釋為什麼個人績效難以打敗市場平均。格林威治（Greenwich Associate）顧問公司創辦人查理・艾利斯（Charles Ellis）在 1975 年寫了一篇〈輸家遊戲〉（The Loser's Game）的文章。當中他寫道，「充滿天賦、秉持決心和野心的專業人員，在過去三十年內大量湧入投資管理領域；如此一來，現在根本沒有人能夠經常從別人犯的錯誤中賺得足夠利潤，也難以打敗市場平均。」[26] 這些年來，投資已經從個人操盤轉變成機構主導。由於有能力的投資人增加，大家的能力變異性縮小，運氣就變得更加重要。

當每個人的能力都變得一樣，那麼經理人的超額回報就會縮水。所謂超額回報指的是，基金經理人創造的回報在調整風險因素後，與市場指標之間的差異。也就是說，如果一個經理人賺了 10% 的回報，而其對照的指數上漲了 8%，那麼其超額回報就是兩個百分點（假設該經理人的風險與對照指數的風險相同）。

彼得・伯恩斯坦（Peter Bernstein）曾是投資圈的一顆閃亮明星，他在 1998 年讀了古爾德關於「消失的四成打者」的分析而受到啟發。他寫道，隨著市場越來越有效率，那麼基金經理人也會逐漸面臨超額回報的變異性變小。從數據來看，確實支持他的論點：1960 至 1997 年間，共同基金的超額回報之標準差，呈現緩慢且穩定的下降。不過，2004 年時，伯恩斯坦重新分析一次數據，他發現標準差從 1990 年代末的 10% 大幅增加到 1999 年的 20%。這表示，市場上有人大贏、也有人大輸。他的結論是，投資圈的四成打者已經再次現身。

但這種突如其來的暴增其實很短暫，而且與投資類型高度相關。1999 年時，許多專門投資大型股的投資人都只投科技股，讓他們創造了非常好的回報。隨著科技股泡沫化，投資小型股的經理人便享受了更大的回報。伯恩斯坦的文章是 2004 年出版；自此之後，其實標準差又再次縮小，該趨勢與他和古爾德的最早論點並無二致。[27]

我們說基金經理人的短期績效大多靠運氣，但並不代表他們全部是靠運氣。研究顯示，多數主動投資人產生的總報酬會優於平均，但這些超額回報往往被各種費用抵銷，所以投資人的淨報酬其實會不如大盤。[28] 從各種證據來看，投資確實需要能力。但是，只有少數投資人擁有這種能力。所以投資其實帶有較多的運氣成分，短期投資更是如此。

圖表 4-10 大略估算了各種活動在光譜上的位置。雖然我們沒辦法做到非常精確，但本章所提到的質化與量化方法，仍是相當有用的標準。關鍵是，個別活動的位置其實並非我們關注的點；我們在

圖表 4-10 「運氣—個人能力」光譜上的各種活動

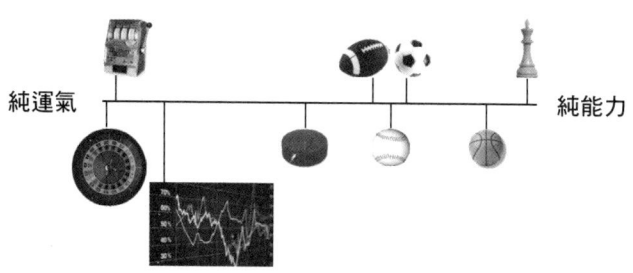

來源：作者個人分析

意的是，這些位置如何幫助我們做決策。如果一件事情大多靠運氣，但你在做判斷時卻以為這件事是靠能力，那就犯了嚴重錯誤。

05
能力的拱門曲線

　　2010年,大聯盟費城人隊(Philadelphia Phillies)外野手傑森・沃斯(Jayson Werth)繳出了個人生涯最亮眼的成績。同年十二月,這位三十一歲的球員與華盛頓國民隊(Washington Nationals)簽了一份七年、1.26億美元的合約。這份合約在聯盟裡引起不少爭議。當時,經常與球員簽下不合理肥約的紐約大都會隊(New York Mets)總經理山迪・艾德森(Sandy Alderson)諷刺表示,「國民隊這份約,讓我們的一些合約看起來好多了。」這份約時間太長,而且花了一大筆錢。[1]

　　協助沃斯協商這份合約的經紀人史考特・波拉斯(Scott Boras)

表示，他的球員可以「為這支球隊帶來一些球技以外的東西。」國民隊總經理麥克・里佐（Mike Rizzo）也很有自信的說，「我們有一些內幕消息，知道這個球員的能耐。」里佐還說，吉姆（吉姆・利哥蒙（Jim Riggleman），當時的經理）很會判斷球員個性是否和球隊契合。他高度讚賞傑森，無論是他球場上的表現、或是球場外的為人。我們都覺得，傑森未來還會再創高峰。」[2]

里佐確實言行一致。這份合約讓沃斯在前面幾年少賺一些，然後在後面幾年多拿一些；從第五年到第七年，每年可領 2 千 1 百萬美元。這份合約走完後，沃斯已經三十八歲。這是近幾年非常罕見的大約。問題在於，沃斯能否繳出符合身價的表現，來證明這份合約的合理性。現在看來，這顯然是失敗的賭注。

目前我們一直認為個人能力大抵是固定的。短期來看，這樣的假設確實合理。接下來，我們要採用一個更加實際的看法，也就是認為個人能力會隨著時間改變。我們會仔細檢視運動員、認知任務（Cognitive Task）和商業活動的表現。這三種領域都反映了相同的趨勢，簡單一句話就是：歲月不一定能助你一臂之力。

為什麼運動員的表現可能走下坡？

當你從十幾歲邁進二十幾歲時，你的運動能力會往上提升。假設你和多數人一樣，你的表現會在二十五歲至三十歲達到顛峰。然後你會緩慢且穩定地衰退。不同的運動會有不同的顛峰年齡，這其實反映了這項運動的本質。舉例來說，短跑選手會在二十歲出頭達到顛峰；高爾夫選手則會在三十多歲時達到成熟。無論如何，年齡終究會對各式運動帶來負面影響。

我們可以試著從棒球物理學的角度，來了解沃斯每次站上打擊區所面臨的艱鉅任務。耶魯大學榮譽退休的物理學教授羅伯·艾達爾（Robert Adair）計算，投手投出的快速直球，從出手到本壘板只需 400 毫秒（0.4 秒，也就是不到半秒）。在一開始的 100 至 150 毫秒間，眼睛幾乎看不見任何東西，因為這是打者視覺肌肉要對移動物體做出反應的最短時間。（世界短跑競賽的起跑點都有感應器，如果跑者在槍響後的 100 毫秒內起跑，就會被判定為起跑過早。）棒球打者必須用肉眼判斷這顆球的位置、將訊息傳到腦部、計算球的速度與軌跡，然後判斷這顆球會怎麼進入本壘板。整個過程需要 75 毫秒。

當球行進到一半時，打者要決定如何反應：打者可以站著不動、躲開這顆失控球、或是用特定的動作模式擊球。這個反應過程需要50毫秒。揮棒需要175毫秒，而多數球員可以在前面50毫秒做出非常細微的調整。在這之後，揮棒的軌跡已經無法改變。如果打者的擊球時機差了7毫秒，就會打成界外球。要成功擊出結實的球，你必須要有銳利的眼力和強大的身體爆發力。[3]

職業棒球選手的視力通常比一般多數人好。1990年代初期，眼科醫師測了洛杉磯道奇隊（Los Angeles Dodgers）將近四百位球員的視力。第一輪，他們的儀器最多只能測出20－15的視力。20－15的意思是，如果你有這樣的視力，那麼多數人在15英尺外可以看清的東西，你可以在20英尺外看見。他們發現，有高達81%的球員達到了這些儀器的最高臨界值。因此，研究人員必須拿出另外的設備，最多可以測到20－8的視力，這已經是人類視線的極限。結論是，一般球員的視力大約是20－13，有少數球員的視力甚至優於20－8，相當接近人類極限。大聯盟球員的視力還有其他過人之處，包括他們擅於在複雜背景中找出數字，以及可以找出細微的深度差異。過人的視力，確實是職業棒球選手的競爭本錢。[4]

肌肉纖維大致上可以分為兩種：慢縮肌和快縮肌。慢縮肌的收縮速度慢，但不容易感到疲勞。這種肌肉是用來應付馬拉松等活動。快縮肌的收縮速度快，但很快就會疲累。它們會被用來投棒球、或是揮棒。隨著年齡增長,我們的視力系統和快縮肌纖維的表現,都會下滑。因此,球員歲數增加時,他們自然難以維持過去顛峰時期的力量與速度。他們在球場上的表現,無可避免會走下坡。打者或許可藉由選球來提高擊球機率、或透過自己的經驗來贏過投手。但這些心理上的行動,最多只能減緩球技下滑的速度,卻無法阻止這件事發生。

不同的運動,會有不同的顛峰年齡。一項運動牽涉到多少慢縮肌與快縮肌纖維,會決定顛峰年齡的早晚。慢縮肌纖維的收縮速度相對慢,但他們可以比較有效率地使用氧氣、然後創造能量。所以慢縮肌適合持久運動。快縮肌纖維會透過爆發性的速度與能量來展現力量,但其使用無氧的代謝系統,無法支撐太久。隨著年齡漸長,快縮肌纖維會變小、數量也會變少。慢縮肌的大小與數量可以維持得比較久。所以,如果是需要力量與速度的運動,那麼球員的顛峰年齡會出現得比較早;反之,需要耐力和協調性的運動,顛峰年齡會來得晚一些。

從短跑和長跑,就可看出差異。短跑選手的小腿肌,有75%到80%是由快縮肌纖維組成。長跑選手則相反:有75%到80%的肌肉是慢縮肌纖維。一般人的比例則大約是50%比50%。[5] 短跑選手的顛峰大約是二十三歲,長跑選手則是二十七歲。圖表5-1說明了各種不同運動的男女顛峰年齡。[6]

不論是哪一種運動,我們通常很難看到年紀較小、或年長的球員,可以表現的比顛峰年齡階段更好。以網球為例,1968 至 2011 年間男子大滿貫得主(澳洲公開賽、法國公開賽、溫布頓,以及美國公開賽)的平均年齡為二十四歲,這也是最多人拿下大滿貫的年齡。此外,過去四十年來,只有不到 5%的得主超過三十歲。[7]

職業運動選手為了賺錢而追求成績,你確實可以用經濟價值來

圖表 5-1　各種運動的顛峰年齡

	男	女
游泳	20-22	23-25
短跑	22-24	21-23
中距離賽跑	23-25	22-24
籃球	24-26	
網球	24-26	23-25
長跑	26-28	26-28
冰上曲棍球	26-28	
棒球	27-29	
美式足球跑衛	27-29	
足球	27-29	
美式足球接球員	29-31	
美式足球四分衛	31-33	
高爾夫	30-35	

來源:作者整理

解釋他們的表現。確實，職業球隊總經理的主要任務，就是充分利用手上的預算，盡可能組成最好的球隊。所以他們希望找到被低估的球員，避免支付過多不必要的薪水。延攬職業棒球選手尤其棘手，因為我們經常看到選手在達到球技顛峰後變成自由球員。球隊總經理在盤算時，年齡通常是非常重要的因素。

只有極少數棒球員到了快四十歲時依然還能保持顛峰狀態。傑森・沃斯和他的經紀人顯然成功說服了華盛頓國民隊，讓他們對他三十一歲的傑出表現下重本，變成一紙豐厚的合約，而且這份大約要七年以上的傑出表現才能回本。從自然萬物的運行準則來看，這份合約的價值將超過沃斯所能提供的價值。

認知表現：流體智力和晶體智力的拉扯

談到認知，「個人能力」與「做出好決策」之間，確實是高度相關的。心理學家梅麗莎・芬努凱恩（Melissa Finucane）和克麗斯汀・葛里恩（Christina Gullion）專門研究不同年齡層人口的決策過程，她們發現，決策能力包含了「了解資訊、以有條理的方式整合資訊、在決策過程中找出相關資訊，以及避免衝動回應」。[8]芬努凱恩和葛里恩設計了一組工具來測來，當人們年紀漸長，其決策能力會有什麼變化。

要培養好的決策能力，在概念上有幾個方法。第一種方法是，其決策能力端視其是否能發展出專門知識，讓你可以自動完成最佳行動。如果你長時間不斷練習，將外在資訊充分內化，你就可以做出好的決定。這種能力是非常直覺式的。舉例來說，心理學已經有許多文獻記載，消防員與護士如何在緊張與時間壓力下做出迅速且正確決定。[9]西洋棋高手也許是這種自然反應決策的最佳案例。專業西洋棋手只要匆匆一瞥，就能立刻知道最好的下一步棋，並判斷雙方的相對優勢與劣勢。

歲數增長確實會導致這種自動決策能力下滑，但下滑的速度其實相當緩慢。耶魯大學經濟學家羅伊・費爾（Roy Fair）研究了年齡對跑步和游泳速度的影響，以及對西洋棋技術的影響。他的分析顯示，「西洋棋的結果相當引人注意，其隨年齡下滑的速度，遠比體力活動來的小。」他估計，如果一個男人在三十五歲時可用四小時跑完馬拉松，那麼到七十歲時，他必須花五小時又十八分鐘，比年輕時下滑32％。反之，如果是西洋棋的話，在三十五歲至七十歲間只會下滑7％。[10]年齡對於決策品質的影響極為有限，正好解釋了為什麼馬力安・汀斯利（Marion Tinsley）可以稱霸跳棋界數十年。雖然西洋棋與跳棋不同，但他們用的是同樣的棋盤，而且都有固定的規則。此外，這兩種比賽都牽涉到空間關係的掌握。

這種自動決策機制的問題在於，它們只有在非常特殊的狀況下才會啟動。只有在環境穩定、個人有機會長時間學習的情況下，才有辦法做到直覺反應。[11] 跳棋和西洋棋都有很適合的環境，可以讓人發揮直覺；此外，在很多職業中也可以看到類似機制。例如，醫師在很多時候都可以仰賴他們的直覺。良醫往往非常善於解讀臉部表情和肢體語言。但他們也會面臨難以掌控的情境。

人們如果過度仰賴過去的經驗來自動決策，也會產生麻煩。當我們隨著年紀而增長，我們會傾向避免耗費太多力氣去思考、也不想要深思熟慮。我們會逐漸仰賴自己的經驗法則。這表示，我們會在極度複雜且不穩定的環境中、做出品質不佳的選擇。[12] 在商業與投資領域，經驗往往無用武之地。研究人員發現，隨著年齡增長，投資人的投資決策會變得更不聰明。換言之，能力會隨著年齡而下滑。投資獲利也會出現所謂「能力的拱門曲線」（圖表5-2），就像體育活動一樣；只不過，投資活動的黃金年齡是四十二歲，比體育活動晚的多。更重要的是，研究發現，到了七十歲左右時，投資的表現會出現大幅下滑。[13]

做出好決策的能力，其實反映了一個人因為年齡改變而擁有的

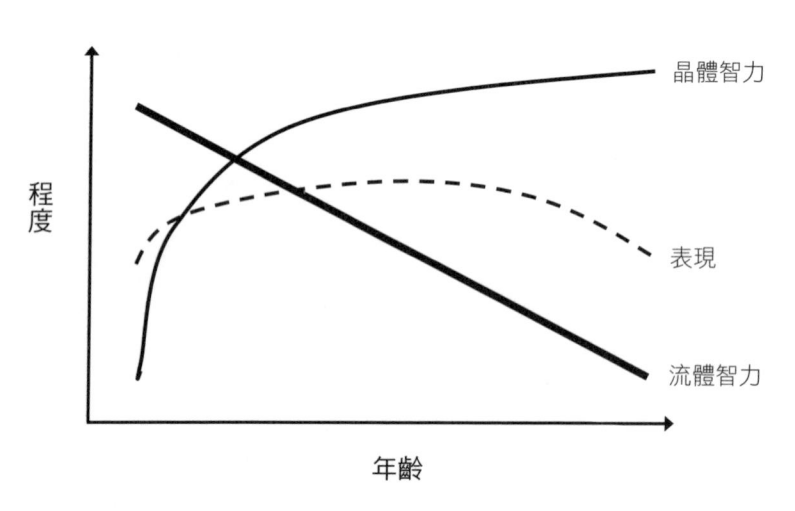

圖表 5-2　流體智力、晶體智力與整體認知表現

來源：Based on Sumit Agarwal, John C. Driscoll, Xavier Gabaix, and David I. Laibson, "The Age of Reason: Financial Decisions Over the Life Cycle and Implications for Regulation," Brookings Papers on Economic Activity, Fall 2009, 51-117.

各種認知能力之總和。這些能力包括流體智力（Fluid Intelligence）與晶體智力（Crystallized Intelligence）、運算速度，以及對「三思而後行」的堅持。流體智力與晶體智力的理論，正是這類研究的經典取徑。[14] 流體智力指的是，面對從未見過的問題的解決能力。流體智力無法仰賴你所學過的東西。有許多測驗要你辨別視覺關係、要你在短期記憶中記住部分事實、或是完成數列排序，都是在測試你的流體智力。舉例來說，下列數字排序的最後一個數字為何：1、5、6、10、11、15、____？（答案是 16）。

晶體智力則是利用過去習得知識的能力。關於單字、地理與歷史的測驗，都是在測試人的晶體智力。一般的智力測驗，通常會包含運算智力和知識智力。

關於流體智力與晶體智力的研究，不禁讓人憂喜參半。憂的是，流體智力大約會在二十歲左右達到高峰，然後終其一生會持續穩定下滑。例如，二十出頭的成年人的分數，會比所有成年人的平均高出 0.7 個標準差；而八十出頭的成年人，其分數則比平均低大約 1.0 個標準差。換言之，自從二十歲之後，每年大概會下滑一個基準點。也就是說，二十五歲得分在前 30% 的人，到了六十五歲時，將下滑到 70%。

流體智力的下滑，顯然與認知速度變慢有關，這是因為額葉（Frontal Lobe）的資訊處理量下滑以及功能減緩。額葉負責較高層級的心智活動，包括計畫未來事務，以及限制情緒反應。當我們在處理與流體智力相關的任務時，就會用到額葉。此外，一般人的心智表現之差異，在各個年齡層中，其實非常接近。你可能以為，心智表現的差異範圍會隨著年齡增長而擴大，因為有些人可以維持高水準的表現、有些人卻出現大幅下滑；但事實上，數據顯示，其變異性在各個年齡層中其實幾乎維持不變。[15]

數字推理的能力,也會隨著年齡而下滑。例如,研究人員問了以下問題:如果五個人都中了樂透、而獎金是 200 萬美元,那麼每人可以分得多少?五十歲出頭的受試者中,大約有一半答出標準答案 40 萬美元;至於九十歲以上的受試者,只有 10%答對。[16]

好消息是,晶體智力會隨著年齡而進步。我們常認為年長者比年輕人更有智慧,這是因為他們知道更多事物。研究人員測試一般人知道的單字、同義詞與反義詞,他們發現,七十五歲到九十七歲的平均分數遠超過二十五歲到四十五歲的分數,而且差距高達 25%以上。[17] 在一定歲數之前,知識增長會彌補流體智力的下滑。超過這個歲數後,整體的認知表現就會下滑。

蘇米特・阿格瓦爾(Sumit Agarwal)、約翰・德斯柯爾(John Driscoll)、哈維・蓋拜克斯(Xavier Gabaix 和大衛・雷布森(David Laibson)四位經濟學家,希望研究財務決策的顛峰年齡。他們想知道,什麼樣年紀的人,可以得到最低的抵押貸款利率、車貸利率和信用卡利率。他們還研究哪一個年齡層的人最能避免因遲繳信用卡帳單而被罰款。他們發現了一個倒 U 字型的鐘型曲線。他們也發現,財務表現的顛峰年齡是五十三歲,而且無論是什麼樣的財務工作,結果都非常一致。

研究人員研究了美國老年人越來越常見的癡呆症與其他認知損傷。他們指出，在八十到八十九歲人口中，有一半的人有這樣的問題，而九十歲以上人口中則高達四分之三。[18] 根據大衛・雷布森的計算，美國六十五歲以上人口的資產淨值已經將近 20 兆美元，所以這些龐大財富，其實是由一群決策能力退化的人所擁有，而退化的原因，可能是因為年齡增長、也可能是因為認知損傷的緣故。

隨著年齡增長，我們的流體智力與晶體智力之變化，也會影響其他領域的顛峰表現。芝加哥大學經濟系教授大衛・葛倫森（David Galenson）仔細研究了人的藝術創造力。他表示，藝術創造者大致上可以分為兩類，而他們的顛峰年齡也不一樣。第一種是概念創新者（Conceptual innovator），他們的創作是全新的，有別於其他藝術家。雖然他們在創作前會做足準備，但他們不會參考過去的作品和創作者，而是「致力於傳達自己的想法或情感」。大衛・葛倫森認為，畢卡索（Pablo Picasso）就是典型的概念創新者。畢卡索在二十六歲達到創作顛峰，當時的畫作也是他所有作品中價值最高的。

另一方面，實驗創新者（Experimental innovator）會做許多研究、蒐集資訊、然後一點一滴慢慢進步。它們往往不滿意自己的作品，認為總是還有改進空間。葛倫森認為最具代表性的實驗創新者就是塞尚（Paul Cézanne），他曾說過，「我如此努力追求、花了這麼多時間，究竟有沒有終點？」塞尚在六十七歲達到顛峰。他最有價值的畫作，也是他晚年的作品。[19]

創新作品和累積式作品的顛峰年齡不同，前者年輕、後者則來的晚；這兩種模式，其實與流體智力和晶體智力的發展完全吻合。需要創新方法的領域，包括數學和物理學，往往會出現許多年輕的卓越研究人員。

葛倫森認為，決定學術表現顛峰年齡的因素並非學科領域，而是科學家或藝術家所追求的創新類型。不過，數學、物理學和詩詞創作依然是由年輕人主宰，而年紀較長者則擅長歷史、生物學和小說創作。[20]

智力商數和理性商數：聰明人為何會做出蠢事

智力測驗可以測出部分認知能力，但卻無法評估其他重要的認知技能。當中最重要的一個，就是做出好決策的能力。多倫多大學心理學教授凱斯・史坦諾維奇（Keith Stanovich）區分了智力商數（Intelligence quotient; IQ）和理性商數（Rationality quotient; RQ）。雖然許多人認為智力商數和理性商數彼此相關，但史坦諾維奇指出,這是兩種不同的能力。這也是為什麼我們會看到,客觀上聰明的人卻做出愚蠢決定。從認知能力來看,我們主要會從理性指數的角度來思考。但問題是:理性指數要如何測量?目前其實沒有太多進展。

史坦諾維奇提到,理性商數的構面,包括「適性行為、審慎決策、有效行為規範、明智定義目標的優先順序、反思,以及適當地分析證據。」[21] 他主張,很多人的智力足夠,但他們卻沒有理性思考與行為的能力。智力商數與理性商數的落差,是因為我們無法理智思考,而且往往所知有限。

處理資訊有多困難?不妨思考以下問題:傑克看著安妮,但安妮正看著喬治。傑克已婚,但喬治沒有。請問:是否有一個已婚人士看著一位未婚人士?

(A)是
(B)不是
(C)無法判斷。

想一想再回答。

答案是 A,但超過八成的人選擇 C。乍看之下,這個問題看起來無解，因為我們不知道安妮有沒有結婚。所以，雖然你知道傑克已婚，但你不知道安妮的狀況，所以你無法得知傑克與安妮的這組關係。同樣的道理也適用於安妮和喬治，所以你無法回答問題。如此一來，你就卡住了。所以，多數人會回答「無法判斷」。但解決這個問題的方法，其實是要考慮安妮的兩種可能狀態：已婚或未婚。如果她未婚的話，答案就「是」，因為傑克正看著她。如果安妮已婚，答案同樣為「是」，因為她正看著喬治。為有考慮所有可能性，你才有辦法得到正確答案。

當我們解決問題時，我們總會自然想要仰賴最快、最不需要運算能力、不需太過專心的認知機制；我們往往會避免冗長、需要大量思考，以及需要耗費心力的機制。用史坦諾維奇的詞彙來說，我們都是「認知吝嗇鬼」。[22] 認知吝嗇鬼的另一個特色，就是用自我中心的角度來思考事情。這種偏見會導致我們完全偏離理性。要避免這種思考模式，確實與個人的智力商數有關，但相關性只有20%到30%左右。所以，你可能極度聰明，卻還是犯這些錯誤。[23] 反之，你不需要天才般的智商，就可以做出好決策。

對於我們不知道的事物，我們往往也會有很低的理性商數。多數人都會學習思考機率、統計，以及驗證假設等問題。舉例來說，如何適當地運用機率。你會如何回答以下問題？

試想，Zapper病毒會產生嚴重疾病，每一千人當中會有一人受到感染。然後目前的檢驗分析，已經可以完全正確判斷，當驗出Zapper病毒時，表示這個人真的得到該病毒。最後試想，實驗結果顯示，在沒有得到病毒的人當中，有5%受試者會顯示得到了Zapper病毒。（錯誤肯定的機率為5%）。我們現在隨機抽出一個人，完全不知道他的就醫史，然後施以實驗。實驗結果顯示，這個人身上擁有Zapper病毒。那麼，這個人真的得到Zapper病毒的機率，究竟有多高（從0%到100%）？[24]

　　最常見的答案是95%；但正確答案是大約2%。答錯的人往往忽略了這個題目的前半部：這個疾病，每千人只會出現一個病例。你可以使用貝式定理（Bayes's Theorm）的條件機率公式來處理這個問題；但更直覺的方法，就是把所有機率轉換成實際數字。[25]

　　你可以這麼想。如果現在有一千人，那麼你知道，當中會有一個人會被驗出為陽性反應。你也知道，如果其他九百九十九人都接受測試那麼大約有五十人（九百九十九的5%）會呈現陽性。所以，如果每個人都接受測試，那麼會有五十一人呈現陽性，但其中只有一個人真的得到病毒。所以，如果一個隨機抽出的人被驗出為陽性，他其實只2%的機率（五十一人裡面的一人）是真正得到了病毒。你可以學習這樣思考，但並不是每個人都會自然而然這麼做。

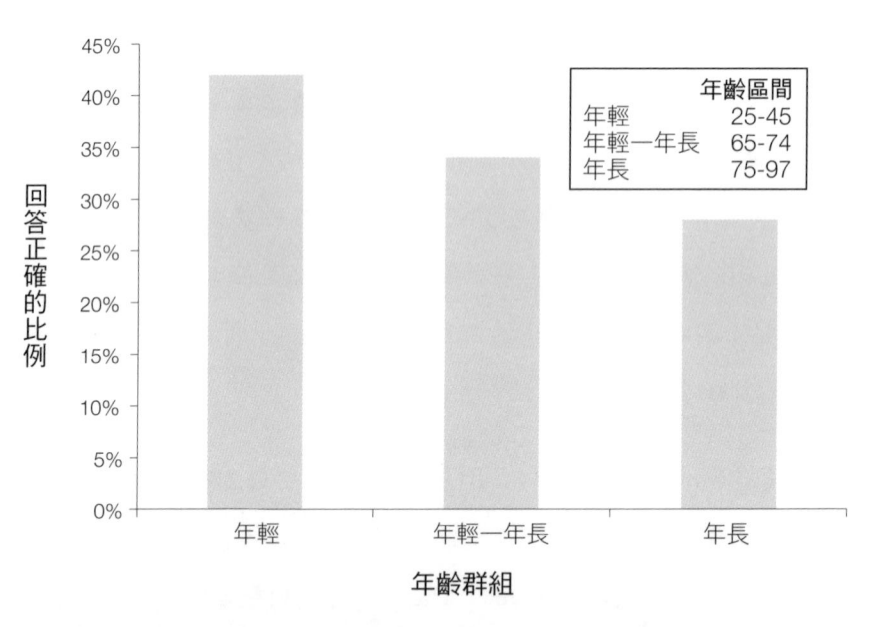

圖表 5-3　認知反射測試的表現

年齡區間	
年輕	25-45
年輕─年長	65-74
年長	75-97

縱軸：回答正確的比例
橫軸：年齡群組

來源：Melissa L. Finucane and Christina M. Gullion, "Developing a Tool for Measuring the Decision-Making Competence of Older Adults," Psychology and Aging, Vol.25, No. 2, June 2010, 271-288.

史坦諾維奇估計，「智力」與「成功了解內容並解決問題」的關連性，大約為 25％至 35％。再次強調，高智商並不能自動轉化成高理性商數。

能夠測試理性商數固然是好事一件，但目前還沒有這樣的工具，所以我們無法得知理性商數是否會隨著年齡改變。但我們知道,年紀大的人會比較仰賴經驗法則,這意味著理性商數背後代表的認知過程,可能會隨著年齡而下降。科學家已經測量過不同年齡層的認知反射(Cognitive Reflection),也就一般人控制心裡「認知吝嗇鬼」的能力。研究人員發現,認知反射會隨著年齡而明顯退化(圖表 5-3)。[26] 七十五歲到九十七歲的成年人的認知反射測試表現,會遜於二十五歲到四十五歲的人。該結果反映了我們在其他認知任務中看到的固定模式,不過我們還是需要其他的理性商數測驗,才能知道它如何隨著年齡而改變。

組織老化

一般人的能力會因為老化而下滑,組織也一樣。舉例來說,一支強隊是由一群優秀的球員組合而成。但是,就算這支球隊的向心力很強,長期下來還是無可避免會下滑,因為球員會老化,經營層也很難用更低的成本來取代他們。經營一支球隊的難處之一,就是經理人必須持續換掉老球員、並用年輕球員取代。老球員通常已經眾所周知,意味著他們的價值已經反映在他們的薪水裡。年輕球員則較難評估。所以球隊主管們,等於要拿已知去換未知。

企業表現也有所謂的生命週期(圖表 5-4)。企業績效的定義,就是報酬大於資本機會成本的金額（機會成本衡量的是，在同樣的風險下，你做其他事情所賺得的錢）。企業一開始通常報酬很低。隨著產業逐漸成熟、員工習得技能，企業的報酬會成長；當產業成熟後，競爭者加入，報酬就會下滑。競爭往往左右報酬的多寡。報酬高、成長快的公司，往往會吸引競爭者加入，藉此為他們的股東創造一些價值。於是，競爭造成產品或服務的價格下滑，拉低公司的經濟報酬、使其接近資本的機會成本。[27]

近期研究顯示，儘管部分公司可以維持卓越的經濟表現，但現在均值回歸的速度其實越來越快。研究也指出，企業年齡與獲利能力下滑，有顯著相關。不僅公司的績效會隨著歲月下滑，現在公司老化的速度甚至更快，因為科技日新月異，產品生命週期越來

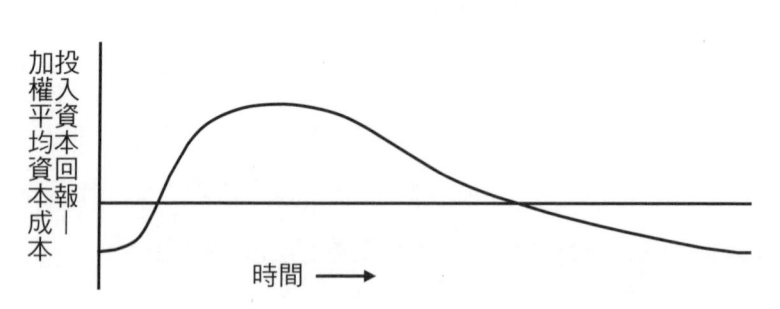

圖表 5-4　公司生命週期

來源：作者個人分析

短。[28]

管理能力（包括分配財務資本、人力資本，與組織資本的能力）會影響一部分的企業績效。此外，運氣也有顯著成分。策略決定的結果，在本質上就是機率問題，而公司（就像個人一樣）不可能永遠都碰不到上好運。我們下一章會更詳細討論運氣的重要性。

企業走下坡的原因很多，其中最主要的原因，或許就是組織陷入僵化。公司必須一邊挖掘有利潤的市場、一邊還要開發新的市場，在兩者之間取得平衡。挖掘既有市場需要優化流程、有效率地執行，通常這可以得到短期內成功。開發未知市場則需要研究和實驗，通常短期內不會有任何立即的回報。[29]

挖掘與開發之間的平衡，其實端視外在環境的變化速度而定。當環境變遷緩慢時，企業可以傾向多挖掘一些。但是當外部快速變化時，組織必須分配更多資源進行開發，因為利潤很快就會枯竭。一般企業通常會傾向挖掘，因為短期內可以得到效率和利潤；但這會讓公司變得僵固，而這種狀況只會隨著企業老化而變得更嚴重。企業就像個人一樣，都會仰賴過去的經驗法則，而不願擁抱新事物。公司同樣也會面臨能力的拱門曲線。

能力隨著個人與企業的年歲提高或下滑，若能知道對象目前位於能力拱門曲線上的位置,對預測表現來說相當重要。國民隊願意在未來七年,每年支付1千8百萬美元的薪水給傑森・沃斯這樣的球員。當中的最大風險在於:他們是用沃斯職業生涯中接近顛峰的表現來評估,進而做出的判斷。其他的公司和組織同樣也會面臨差不多的風險。

06
運氣的各種面貌

　　音樂界人士積極尋找小甜甜布蘭妮（Britney Spears）的接班人，而他們找到了卡莉‧漢納希（Carly Hennessy），並看上她的「個人魅力、爆發力和歌聲」。漢納希是愛爾蘭人，她出了一張聖誕歌曲專輯、並且參與歌劇悲慘世界（Les Miserable）的歐洲巡迴演出，後來被 MCA 唱片相中。1999 年夏天，MCA 主管邀請漢納希前往比佛利山莊的 Spago 餐廳用餐，並且把計畫攤在眼前，準備將她捧成明星。當時她年僅十六歲。後續幾年，唱片公司花了 220 萬美元錄製她的作品、並用力推銷，這對一個初出茅廬的明星而言，是相當大的投入。

漢納希明白自己的好運。她說,「有些人必須掙扎浮沉,而我非常、非常幸運。」MCA推出了她的專輯《Ultimate High》。2001年末,儘管這張專輯備受期待,但銷售成績卻非常、非常慘澹。在推出後的三個月,專輯銷售量總共只有三百七十八張,賣不到5千美元。MCA唱片總裁除了猛抓頭,也無計可施。為什麼這個行業的專家,一開始會如此篤定,最後卻錯的離此離譜?[1]

2004年4月,ABC電視台董事長羅伊德・布朗(Lloyd Braun)黯然下台,因為當時ABC收視率在四家無線電視業者中敬陪末座。當時,羅伯特・艾格(Robert Iger)是ABC母公司迪士尼(Disney)的總裁,他解釋:「我覺得,基於這樣的表現,公司有必要做出改變。」艾格和布朗幾乎水火不容,其中一部分原因是,布朗覺得,因為艾格毫無作為,才會導致他們眼睜睜看著當紅節目《誰是接班人》(The Apprentice)從ABC轉到對手NBC電視台的頻道。

事件發生之前的夏天,布朗提出了一部新的戲劇《迷失》(Lost),該劇結合湯姆・漢克(Tom Hanks)的電影《浩劫重生》(Cast Away)中獨自於荒島求生,以及實境節目《倖存者》(Survivor)中參賽者在野外互相競爭,最後用投票篩選出勝利者等一類元素。當時,迪士尼執行長、也是艾格的老闆麥克・艾斯納(Michael Eisner)聽了這項提議,給了《迷失》兩分(滿分為十分),可以說是最差的評等。艾斯納後來說,這個節目「遭透了」。但是,拍攝工作仍持續進行,所以那年秋天,儘管布朗已經離開,但《迷失》已經準備上映。

雖然艾斯納非常看壞,《迷失》卻大獲成功。這部劇在第一季每集平均有一千七百五十萬的收視人口。《迷失》是黃金時段最受歡迎的節目。它還得到艾美獎「傑出戲劇類」獎項。《迷失》總共播出六季,成功重振 ABC 的收視率和獲利表現。[2]

卡莉・漢納希的失敗和《迷失》的成功,都是因為運氣。你可能很難接受這一點。如果你只看到漢納希的歌如此冷門、還有《迷失》廣受歡迎,你可能會論定,漢納希的歌肯定不好、《迷失》的劇情非常出色。但這種想法完全不對,也證明了我們經常低估了周遭事物的運氣成分。本章的主要目的之一,就是要改變我們對運氣的看法。

測量運氣:獨立事件或相依事件

在第三章,我利用雙罐模型來說明能力與運氣的影響、分析極端偏差案例,以及均值回歸。當我們從兩個罐子抽出數字時,他們會形成常態鐘型分配曲線。不過很多時候、尤其在多數有趣的案例中，真實世界的事物並非常態分配。流行音樂成功與否，就是一例。

不過，很多時候，只要用簡單的雙罐模型，便足以解釋很多事情。要了解真實事業的運氣分布，我們可以先問：這些事情彼此為相依事件、還是獨立事件？獨立事件的意思是，之前發生的事不會影響後面的事；相依事件則是彼此會互相影響。如果一個系統裡面，不同事件會彼此影響，這表示該系統會記住之前發生過的事。

如果是獨立事件，那麼一個簡單模型就已足夠，例如丟銅板、或是從罐子裡挑出號碼。如果是相依事件，就像各種社會互動一樣，那麼運氣的分配狀況就會出現偏斜。在偏斜分配（Skewed distribution）中，好運和壞運的次數並不平均。相反的，只有少數人能得到極端好運。這表示能力與成功的關連性非常低。這種系統裡面的事件並非常態分配，而且也難以預測。

我們先從體育開始；在體育活動中，運氣看起來像似乎很接近鐘型常態分配。有很多研究是在分析體育賽事中的「好手感」。好手感的意思是，以籃球賽事為例，當一個人投中一球之後，他下一球投進的機率會比平均水準更高。研究人員詢問球迷，如果有一個平均命中率為五成的球員，他在投進一球、或失手一球後，下一球命

第 6 章 ｜ 運氣的各種面貌

中的機率有多高。平均下來，他們認為，失手後的下一球命中率為 42％；至於投進後的命中率則跳升到 61％。球迷顯然相信「手感」這回事；球員也是。

沒人質疑：這會不會只是運氣的關係。問題在於，連續進球到底只是一個隨機的過程、還是個人能力會隨著時間而有所起伏？因為運氣導致的連續進球，沒辦法讓我們評斷球員的能力；而因為能力造成的連續進球，也無法讓我們知道運氣為何。如果我們觀察到的結果，與簡單的運氣模型所預測的一致，那我們可以說，所謂「好手感」的想法恐怕只是心理作用、根本與個人績效無關。[3]

有兩位統計學家，吉姆・艾伯特（Jim Albert）和傑伊・貝奈特（Jay Bennett），曾仔細分析運動賽事中的連續性表現。他們挑出一位曾經歷過手感發燙和連續低潮的球員，然後分析他的統計數字。他們分析陶德・席利（Todd Zille）的數據，發現他過去一個賽季的平均打擊率為 0.280，而這位球員每八場球員的移動平均打擊率，最低達到 0.069（低潮），最高則來到 0.548（手感發燙）。兩位統計學家在《變化球》（*Curveball*）書中提出了兩個模型，希望驗證這樣的變異究竟是因為運氣造成、還是能力的影響。

第一個模型，他們稱之為「穩定先生」（Mr. Consistent）。想像

155

一個轉盤，上面指針有28％的機率會落在「安打」區，其他則會落在「出局」（圖表6-1）。每一次轉動指針，就代表一次打擊機會，然後我們會追蹤安打與出局的比例變化。「穩定先生」模型產生的每一次結果都是獨立事件，所以這個系統不會記得之前發生了什麼事。

第二種模型則是所謂的「連續先生」（Mr. Streaky）。這種模型有兩個轉盤：其中之一是當球員手感正旺、另外一個則是陷入低潮時。當球員手感發燙時，艾伯特和貝奈特設定他的打擊率為0.380，比整季平均高出一成。當球員手感冷卻，他的打擊率只剩下0.180。因為這位球員在設定上就是「連續先生」，所以他在前後兩場比賽使用同一個轉盤的機率為90％。也就是說，如果球員在一場比賽中手感發燙，那麼他下一場比賽有九成機率可以繼續維持火熱。這個模

圖表 6-1　穩定先生的轉盤模型

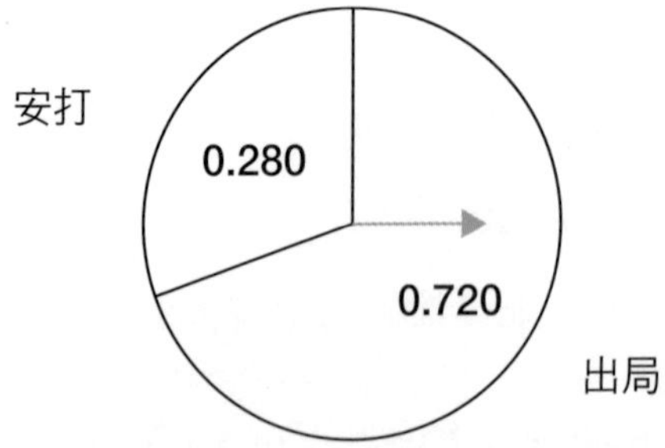

安打　0.280
0.720　出局

來源：作者個人分析

型會對過去事件形成記憶,所以球員的能力會增添一些變異性。[4]

我使用同樣方法來評估 2011 年賽季的棒球選手。圖表 6-3 就是我對巴爾地摩金鶯隊(Baltimore Orioles)外野手亞當・瓊斯(Adam Jones)的分析結果。那年,瓊斯打了一百四十五場比賽,打擊率為 0.280。圖表 6-3 顯示他在過去八場比賽的移動平均打擊率。就像艾伯特與貝奈特所提的案例一樣,瓊斯的表現也有高低起伏。在表現最佳的八場連續比賽中,他的打擊率衝高到 0.467。但是,這個數值也一度跌落到 0.074。問題在於,究竟哪一種模型比較符合他的真實表現:是穩定先生?還是連續先生?

我用「穩定先生」和「連續先生」模型,各模擬了一萬次。為

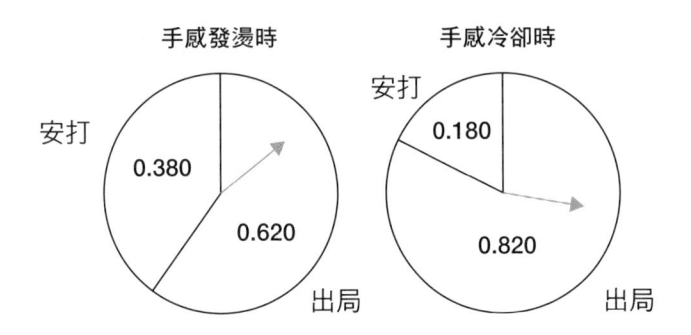

圖表 6-2　連續先生的模型

手感發燙時　　　　手感冷卻時

安打 0.380　　　　安打 0.180
0.620 出局　　　　0.820 出局

來源:作者個人分析

了把模擬結果與瓊斯的實際打擊率做比較,我檢視了一下統計數據:移動打擊率的最大值簡最低值;瓊斯沒擊出安打的比賽場數;瓊斯擊出超過三支安打的比賽場數;打擊率高於平均的連續場次,以及打擊率低於平均的連續場次;還有連續好表現與連續壞表現的場次,這是為了要看出他是否經常在好壞之間變動。圖表 6-4 是這些統計數據的概要,還包含了模擬數據的平均值與標準差。

我們發現,「穩定先生」模型雖然簡單,但卻已經足以解釋瓊斯的數據,而且比「連續先生」模型更接近真實的經驗數據;唯一例

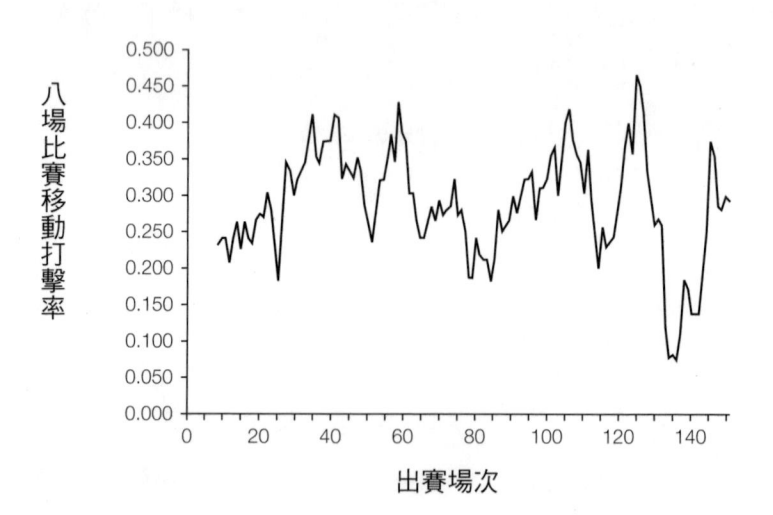

圖表 6-3　亞當・瓊斯的八場比賽移動平均打擊率(2011 年)

來源:作者個人分析

外是「瓊斯沒擊出安打的比賽場數」。該簡單模型把每一次上場打擊都視為獨立事件，雖然無法解釋所有的現象，但卻已經說明了大多數的狀況。

這個結果與吉姆・艾伯特和傑伊・貝奈特的發現一致：連續好表現確實有一些原因可循。體育競賽的表現並非完全獨立事件，畢竟球員會面臨各種不同條件（例如，在主場比賽或遠征客場、面對不同投手、還要面臨各種傷痛。球場上不時會有球員的表現如超人上身（球員表現超出其能力水準），也經常會出現每下愈況（抗壓性不足、導致表現低於水準）。但這些效應都不算非常強。實際來看，

圖表 6-4　亞當・瓊斯的實際成績，
與「穩定先生」和「連續先生」模型做比較

	實際數據	穩定先生	連續先生
最高 - 最低 標準差	0.393	0.371 0.055	0.466 0.063
沒擊出安打場次 標準差	47	41.8 5.3	45.2 7.4
超過三支安打場次 標準差	11	10.4 3.0	13.2 4.1
連續六場以上（好表現或壞表現） 標準差	0	1.5 1.1	2.7 1.4
連續好表現或壞表現的場次 標準差	75	70.7 6.1	64.0 6.7

來　源：Jim Albert and Jay Bennett, Curve Ball: Baseball, Statistics and the Role of Chance in the Game (New York: Springer-Verlag, 2003), 111-144；以及作者個人分析。

「穩定先生」模型比較能夠貼近真實、呈現出棒球運動中個人能力與運氣的相對影響。[5]

麥克‧巴伊利（Michael Bar-Eli）、辛嘉‧阿瓦果斯（Simcha Avugos）和馬庫斯‧雷伯（Markus Rabb）曾經分析四十篇以上的研究，其中涵蓋的運動包括棒球、籃球、保齡球、射飛鏢、高爾夫、網球和排球。雖然有些數據顯示，所謂的手感確實存在於擲馬蹄鐵（「手感發燙或發冷」）和保齡球（「丟出全倒的機率和前一次結果並非獨立事件」）運動中，但是他們的結論是，目前關於好手感的經驗證據，依然「相當有限」。[6]

很多時候，我們大概會知道「運氣罐」裡面的數字分配會是什麼樣子。關於運氣分配的高低起伏，統計學家有一個專有名詞，叫做「一般原因變異」（Common-cause Variation）。例如，亞當‧瓊斯一整個賽季的打擊率變化，有很大一部分可以用一般原因變異來解釋。這個概念同樣適用於製造流程、或是買樂透彩券。在經濟學中，一般原因變異其實類似於風險的概念。經濟學家法蘭克‧奈特（Frank Knight）從經濟學的角度，形容風險就是「各種已知結果的分配狀況。」你不知道真正結果為何，但你已經知道各種可能的結果。也就是說，不管是翻開一張撲克牌、或是丟骰子，你都可以算出當中的風險。[7]

第 6 章 ｜ 運氣的各種面貌

　　無論是運動賽事、賭博還是一些商業活動，雙罐模型其實都能解釋我們眼前的現象。運氣的影響力大小，端視這件事究竟落在「運氣—個人能力」光譜的何方；不過時間拉長後，我們就能明白運氣的重要性。不過，在一些活動中，運氣的影響力卻可能非常難以捉摸。

冪次法則的運作機制

　　要明白卡莉‧漢納希唱片是否熱賣、或者《迷失》的成敗，其實看的都不是這當中牽涉到多少個人能力。儘管我們可以大略知道可能的結果會在什麼範圍內，但是要在娛樂圈中預測成功，在本質上就是一件難以預測的事。在某些領域，獨立事件和鐘型分配曲線可以解釋許多現象。但在娛樂圈裡，成功需要各種社會互動。只要人們可以從多個面向來衡量一件事，而且每個人都能影響其他人的決定，那麼運氣將成為影響成敗的重要原因。就像電影劇作家威廉‧戈德曼（William Goldman）所說的，「沒人知道任何事。」[8]

　　舉例來說，如果一首歌恰好在某個時間點受到比較多注意，那麼它就會變得比其他歌曲更熱門，因為聽眾會彼此互相影響。因為這種「累積優勢」（Cumulative Advantage）的效應，所以就算兩首歌有完全一樣的品質、或反映了同樣的技能，但它們的銷售數字仍可能有天壤之別。所以，要預測歌手成功與否，根本是不可能的任務。[9] 成敗當然會受到個人能力影響，但運氣的影響力，也可能推翻一切。用我們的雙罐模型來解釋，也就是運氣罐的數字範圍遠大於能力罐。接下來我們將仔細檢視各種事件的結果、其運作機制，以及一個可能有點出乎預料的結論。

社會影響和累積優勢的過程，往往會產生一種符合冪次法則的分配狀況。圖表 6-5 說明了全美最大的兩百七十五個城市在 2010 年的排名與大小。這個表的橫軸是城市的排名。縱軸則是城市大小。橫軸與縱軸都是採對數比例尺（Logarithmic Scale），也就是說，每一尺度之間的比例差異是一樣的（一和十的差異，與十和一百的差異相同）。相關資料幾乎呈現一直線，我們可以用簡單的冪次法則公式來表達。舉例來說，這個代表美國的公式，可以告訴你第七大城市（德州聖安東尼奧，人口為一百三十二萬五千人），以及第七十名城市（紐約州水牛城，人口為二十六萬人）的大小。

「冪次法則」一詞，其實反映「指數」決定線的斜率。有非常多社會現象符合冪次法則，包括書籍的銷售數字排行榜、科學論文被引用的排名與頻率、恐怖行動的規模與死亡人數，以及戰爭的規模與死傷人數。[10]

第 6 章 | 運氣的各種面貌

　　按照冪次法則的角度來看，樣本分配的一個關鍵特色，就是會有為數非常少的大數值，以及非常多的小數值。因此，「平均」的概念就根本沒有意義。以書籍的銷售量為例。在上百萬本出版品中，前十名的年銷售量可能超過一百萬本；至於其他的百萬本著作，年銷量可能不到一百本。在這個案例中，贏家屈指可數，但輸家卻數也數不盡。熱銷百萬本的書籍少之又少，因此我們根本沒有一個可信的方法，可以證明這些作者的成功有多大比例是來自他們的個人能力。既然這裡的冪次法則無法以個人能力來解釋，因此我們必須進一步分析這種偏差結果的成因與運作機制。

圖表 6-5　美國大城市的排名與大小，以對數比例尺呈現（2010 年資料）

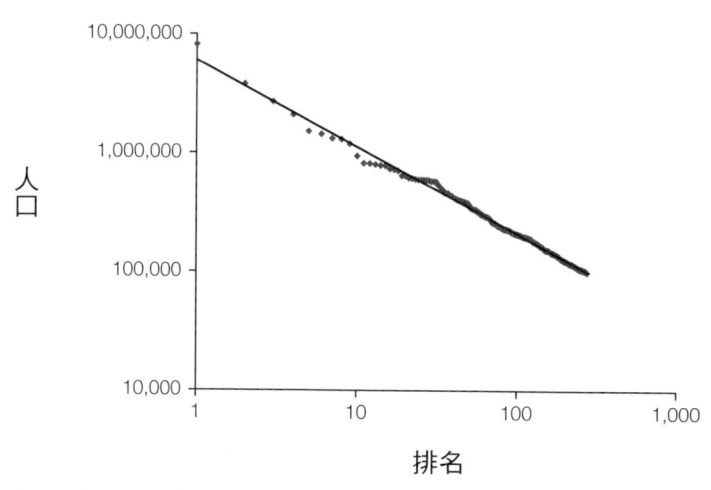

來源：美國人口調查局、作者個人分析

把獨立事件與相依事件加以區分,其實非常重要。棒球選手擊出安打的機率,其實並不完全獨立於他前一次的打擊表現。不過,把時間拉長到整個賽季的話,你可以把球員每一次的打擊視為獨立事件。因此,雙罐模型可以充分呈現球員的表現。

路徑相依的事件,則是每一件事情都會影響到下一件事。這樣的過程是帶有記憶的。這些流程會受到初始條件的影響,進而演變成後來的現象,例如富者越富、貧者越貧。哥倫比亞大學知名社會學家勞伯・墨頓(Robert K. Merton)稱此為「馬太效應」(Matthew Effect),這是引用了馬太福音裡的一段話,「凡有的,還要加給他,叫他有餘;沒有的,連他所有的,也要奪過來。」[11]

假設:現在有兩位能力相當的畢業生在申請教職。其中一位,他成功進到常春藤盟校教書;另一位則是在名氣稍遜的學校。在常春藤盟校的教授會有資質較好的研究生、教學負擔較輕、更優秀的研究同儕,也有更多資源進行研究。這些優勢會讓他產出更多學術論文、更高的引用次數、並獲得更多學術上的肯定。這些累積下來的優勢,到他退休時,會使得其中一位教授的成就高過另一位。馬太效應凸顯出,在相似起跑點上的兩個人,最後可能會在截然不同的世界。[12] 這這種系統中,一開始的條件就很重要。隨著時間過去,這些條件的影響力會越來越大。

這種現象的背後，其實是由許多運作機制造成。其中最簡單的一種，就是所謂的偏好依附（Preferential Attachment）。假設你成立了一個網站，而你希望盡可能讓這個網站受到大家歡迎。合理的做法，就是讓你的網站連結到一個原本就有許多連結的網站，例如Google 或 Wikipedia；你不會想要連到那些沒有人氣的地方。為了引人注意，你會想要接近那些已經有知名度，而且許多人常常造訪的網站。這種行為會帶來正向回饋：當你手上的關係越多，你就能得到更多新的關係。透過偏好依附的過程，有些網站會有非常高的流量，但其他網站可能會被後起之秀取代，淹沒在茫茫網路大海裡。一開始差之毫釐，最後可能失之千里。[13]

這個過程可以用一個很簡單的模型來說明。假設你有一個罐子，裡面裝著：

5 顆紅彈珠

4 顆黑彈珠

3 顆黃彈珠

2 顆綠彈珠

1 顆藍彈珠

現在閉上眼睛，隨機選擇一顆彈珠。假如你挑中了黑色彈珠。

你把彈珠放回罐裡,然後再加一顆黑彈珠。現在罐子裡有五顆黑彈珠了。其它顏色的數目不變。你重複這個隨機選擇的過程,選出後放回去,然後再補一顆同樣顏色的彈珠。等你重複一百次後,罐子滿了。

一開始,抽到各種顏色彈珠的機率,會符合該顏色彈珠的數目。例如,你有兩成的機率會抽中黃色彈珠(十五顆當中的三顆)。這顯然是個路徑相依的過程。如果你一開始抽到黃彈珠,那麼在第二輪抽到黃彈珠的機率就提高到25%(十六顆當中的四顆)。所以,儘管一開始的分配狀況,會導致特定顏色的彈珠較容易被抽中,但要預測最後的勝出者,其實並不容易。

我用電腦模擬這個遊戲三次,結果如圖表6-6所示。最上方的圖顯示,紅色彈珠的次數明顯脫穎而出。至於中間的圖,變成黃色勝出、紅色居次。下方的圖由藍色意外勝出,藍色一開始就極罕見地被連續抽中。你可以把罐子裡各個顏色的球,視為個人能力的代表。球的數量越多,代表勝出的機率越高,但也不保證這種能力一定會勝出。打從一開始,運氣就決定了分配結果,其影響力之大,令人不禁感到訝異。[14]

此外,一旦某種顏色取得足夠領先,這個遊戲基本上就結束

第 6 章 | 運氣的各種面貌

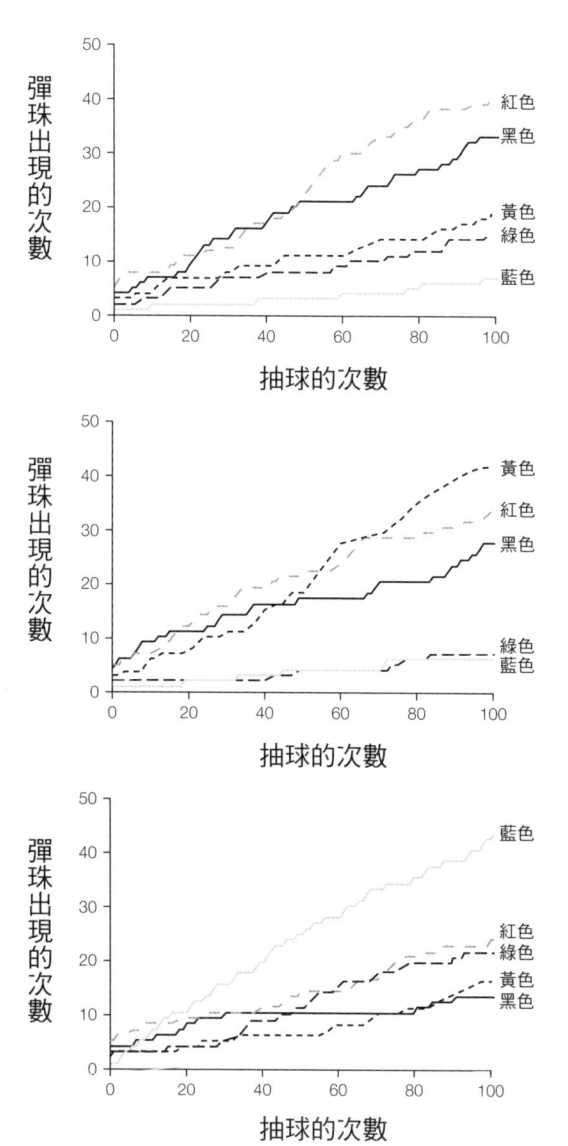

圖表 6-6　偏好依附的簡單模型

- 每次都從以下開始：
  - 5 顆紅彈珠
  - 4 顆黑彈珠
  - 3 顆黃彈珠
  - 2 顆綠彈珠
  - 1 顆藍彈珠
- 每次抽出一顆彈珠後，就把彈珠放回去，並且另外放一顆同樣顏色的彈珠進去
- 重複一百次

來源：作者個人分析

了。偏好依附效應決定了結果。這個模型比真實世界單純的多,但我們可以看出,在路徑相依的過程裡,個人能力與成功很可能會彼此脫節。

關鍵點(Critical Point)和階段轉折(Phase Transistion)也是馬太效應中很重要的部分。當細小、漸進的改變產生了龐大效應時,就出現了所謂的階段轉折。這就是口語中所說的「臨界點」。把一盤水放到冷凍庫裡,水的溫度會下降到關鍵點,也就是攝氏零度;接下來,水就會結成冰。到達關鍵點時,溫度的細微變化都能產生巨大改變,也就是讓水從液體變成固體。社會系統中,也存在著關鍵點和階段轉折。

史丹佛大學社會學教授馬克・格蘭諾維特(Mark Granovetter)提出了一個簡單模型來說明關鍵點的重要。假設有一百個示威者在一個公共空間繞圈抗爭。每個人的心裡都有一個「暴動臨界點」:他們要看到暴動者人數達到某個數值時,才會參與暴動。假涉有一個人的暴動臨界值為0(他是教唆者)、有一個人的臨界值為1、另一個人的臨界值為2,依序排到99。如此一致性的臨界點分配,會產生骨牌效應,可以確保暴動一定會發生。只要教唆者拿石頭打破玻璃,接下來就有一個人會加入他;暴動者的人數逐步達到每個人的臨界值,所有人便相繼投入。

現在假設所有條件不變,我們只做一點小修正:把那位臨界值為 1 的人,替換成一個臨界值為 2 的人。整個團體看起來與前面的團體沒有太大不同,只是這次不會發生暴動。媒體可能會稱第一群人為暴民、第二群人是順民;但事實上,兩群人幾乎一模一樣。只要一個人的臨界值有些微改變,就足以改變事件是以暴力或和平收場。

這個簡單的例子也可以用於稍微實際一些的情況,例如接受創新(iPad)、追求流行(邁阿密減肥法)、追求時尚(瑜珈服),以及疾病傳染(流行性感冒)。當創新產品達到某種歡迎程度時,就已經幾乎勝券在握。同樣的,如果骨牌效應硬是沒有發生,就算有再好的創意,也只能徒呼負負。[15]

在經濟學中,非均衡結果的原因往往是因為報酬遞增(Increasing Return)和網絡效應(Network effect)所造成。許多傳統經濟學理論都是以報酬遞減為基礎。如果某種商品出現供不應求,價格就會上升,生產者就會賺更多錢。高獲利或吸引競爭者投入,如此一來產出增加,造成價格滑落。這叫做負向回饋(Negative Feedback),也就是維持穩定的機制。強者會變弱、而弱者會轉強。

但是,這樣的架構卻無法解釋某些經濟領域中的正面回饋

（Positive Feedback）結果。最典型的案例，就是科技產業的標準規格戰爭。包括 1970 年代的 VHS 和 Betamax 的錄影帶規格之爭、還有後來藍光與 HD DVD 的高畫質光碟之爭，都是案例。在這些案例中，我們看到報酬遞增的現象；這是個贏者全拿的遊戲，只要一個標準取得充分領先，它就主宰了整個市場。1970 年代中期，VHS 和 Betamax 的市占率還難分軒輊。但是當 VHS 取得領先後，幾年內他們就拿下了九成市占率。在這裡我們看到富者越富、貧者越貧。[16]

報酬遞增的效應，最常發生在初期成本高、邊際成本低的時候；另外就是網絡效應發酵，也就是產品或服務的價值會因為更多人使用而增加。微軟（Microsoft）的個人電腦作業系統充分展現了高初期成本、網絡效應，以及報酬遞增。

第一代微軟 Windows 作業系統需要非常高的初期成本，必須投入大量時間與金錢，才能開發出第一版。但是，要創造另外的拷貝副本，成本卻非常低，代價就是一張磁碟片（這是當時軟體銷售的載具）。

作業系統和電腦的網絡效應非常強，因為相同的規格才能確保大家可以交換檔案。隨著這個標準受到越來越多人採用，軟體工程師就有更多誘因，為 Windows 開發新的軟體，於是讓 Windows 更受歡迎。大家都想要一個廣受使用的產品,因為越多人使用代表價值越高。這造就了一種需求端的經濟規模:對消費者的價值越高、會進一步帶動軟體需求,進而推升生產者的獲利。

結合了軟體經濟規模與網絡效應,便產生報酬遞增效果。贏家的利潤非常驚人;競爭者之間一開始或許差異不大,但贏家最後獲得的回報,卻可能遠大於其他競爭者。檢視這些機制是要凸顯:這些事件會受到一開始的條件、經常出現的關鍵轉折所影響,而且有可能產生非常極端的結果。個人能力沒能帶來成功;關鍵反而是運氣。所以實際上,這些機制造就了運氣。[17]

不平等與不可預測

1981年,已故的芝加哥大學經濟學家夏爾文・羅森(Sherwin Rosen),寫了一篇極具影響力的論文,叫做〈超級明星經濟學〉(The Economics of Superstars)。[18]他發現,少數超級明星、也就是「第一級表演者」,他們賺的錢遠超過那些能力只比他們略差的藝人。雖然歌迷喜歡超級巨星更勝於其他藝人,但他認為,兩者的能力差異實在太小,根本不足以解釋他們的所得差異。他認為,科技是導致這種現象的主要原因。

試著想像有兩位實力相近的歌手，其中一位稍微好一些。在錄音科技尚未問世前，兩位歌手的演唱會收入可能相當接近，其中明星歌手或許會多賺一些，反映他的實力突出。但錄音科技問世後，消費者再也不必選擇較差的歌手；他們每次都會買較好的歌手的唱片。所以她的收入會大幅增加，遠超過她的對手。雖然歌藝相近，但這成了一個贏者全拿的市場。

勞伯・法蘭克（Robert Frank）和菲利普・庫克（Philip Cook）在他們的著作《贏家通吃的社會》（*The Winner-Take-All Society*）中提到，人才競爭加劇，也是造成傑出人才所得極端偏高的另一個原因。法蘭克用一家公司來做例子，該公司每年獲利100億美元，現在董事會必須在兩個候選人中挑出一位擔任執行長。法蘭克提到，如果其中一位候選人可以做出較好的決定，那麼公司的獲利會比另一位候選人擔任執行長高出3%，也就是創造額外的3億美元收入。所以，就算兩位候選人的能力只有些微之差，但他們的薪資差異，對一般人來說已經夠巨大了。此外，現在的公司比過去更願意從外部延攬執行長。流動性讓執行長們更有價值，就好比棒球運動的自由球員制度，提高了選手的薪資水準。[19]

有兩派理論支持這樣的論點。第一種認為，執行長的薪資通常占了公司整體薪資的一定比例。由於公司規模分配會符合冪次法則，因此執行長的薪資自然也會出現同樣現象。研究也顯示，在美國，隨著大型公司的市場資本化，執行長的薪資也隨著時間成長。尤其，執行長薪資在1980至2003年間成長了六倍，而市場資本化在這段時間也正好成長了六倍。儘管看起來理由已經相當充分，不過研究人員也沒有排除用傳染效應來解釋執行長的薪資成長。也就是說，在決定薪資時，董事會成員會看其他公司的做法，然後跟著制訂自己的政策。如果每家公司都這麼做的話，只要少數公司付出鉅額薪水，一段時間後，就會導致薪資全面上漲。研究人員指出，如果有10%的公司願意以高於競爭者一倍的薪水付給自家執行長，最後所有公司的執行長薪水都會增加一倍。所以，薪資的不平等可能是因為傳染效應，而不是因為競爭。[20]

由此可見，路徑相依和社會互動會產生不平等。科技和競爭，也會助長這種現象。不過，這些超級明星理論都有一個重要的基本假設：我們可以知道誰的實力最強。[21] 我們接下來會了解，這樣的假設是不實際的。社會影響不僅會導致不平等，還會造成預測的困難。一個人能力強，確實會比較容易成功；但就像前面所說的紅彈珠，雖然一開始是多數，但這樣的優勢不保證它們可以一路領先到最後。

回過頭來想執行長薪資與市場資本化一致的例子。同一批研究人員，曾試著找出各家大公司執行長們的個人能力差異。但他們幾乎找不到任何差別。例如，他們的模型顯示，把美國排名第兩百五十名的公司執行長換成排名第一公司的執行長，薪水則維持原本水準，那麼這間小公司的市值只會增加 0.015％。小數點的位置並沒有放錯：這個數值趨近於 0。[22]

要評估實力或品質，有各種不同方法。例如，你可以從節奏、音調、歌詞內容、歌聲品質和配樂來評估一首歌。不同的人會有不同的評估標準，也可能對各個評估面向有不同權重。但不管我們如何評估一個人的實力，運氣總是會透過社會影響，來塑造我們的意見。運氣不僅影響了收入的不平等，它還會影響我們對個人能力的認知。如果在判斷某個產品時牽涉到社會過程，本質上就含有不可預測性。這個過程不會產生隨機結果；在事實出現之前，都沒辦法得知某個確切結果。

相較之下，試想另一個容易客觀評估結果的情境。假如你要知道五個短跑選手當中跑最快的一位，你就把他們排成一排，然後辦一場賽跑。由於你只從「速度」這一個面向評估他們，所以個人能力最強的人就是贏家。當中沒有運氣成分。

現在，假設你要幫你的小孩選一所最適合的大學。你可能會參考《美國新聞及世界報告》(*U.S. News & World Report*)出版的「最佳大學」指南,當中會有數百家大學與學院的排名。在 2012 年的指南中,該雜誌團隊使用以下變項和權重來評估全國大學與文理學院:[23]

大學部的學術名聲	22.5%
畢業與留校率	20.0%
教師資源(2010 年至 2011 年)	20.0%
學生選擇性(2010 年入學)	15.0%
財務資源	10.0%
學生畢業比率	7.5%
畢業校友捐款	5.0%
總計	100.0%

我們很容易看出為什麼學生與家長都吃這一套,因為該調查提出了一個客觀方法來測量學校的實力。但這種排名有兩大缺失。首先,《美國新聞及世界報告》採用的方法,已經大致決定了結果。當然,編輯們已經盡全力完成這項艱難任務,但這種一體適用的方法,卻無法完全滿足學生與家長們的需求。例如,對一個學生來說,「教育成本」和「地理位置」可能遠比學校的學生留校率與選擇性更重要。所以,對你的孩子來說,排名最前面的學校未必是最有

吸引力的學校。哈佛、普林斯頓、耶魯大學在 2012 年的排行綁上名列前茅，也毫無疑問是非常傑出的學校。但整個排行榜，不過就是反映出這份雜誌針對這些學校所採用的排列方法而已。學校排名與跑步選手的排名不同，因為我們根本沒有辦法斷言，某個學校是所有大學中最傑出的一個。

如果一樣東西可以透過許多不同方式來評估，當我們看到其排名或順序時，應該要記得，這個排名不過是反映作者採用的排序方法。除非這些研究者採用的方法完全符合你的標準（通常可能性極低），否則你都應該抱持懷疑的態度。無論是最適宜居住地、最佳房車、還是最好的大學，提出者都希望用一個簡單的答案，來回答非常複雜的問題。方法產生的偏誤，也會出現在選舉、或是體育球隊排行榜中。大至總統選舉、小至學生會選舉，只要你的記票或算票方式不同，選舉的勝出者也會不同。[24]

第二個缺失是，有些變項本身是基於個人的認知。例如，在大學排行榜中，權重最高的變項是大學部的學術聲望，而《美國新聞及世界報告》是調查了各大學院校的校長、教務長和入學錄取官。這些教育界領袖通常只會了解一部分的學校，所以他們的評估結果，自然也會按照一般公開的排行榜來排。

歐柏林學院（Oberlin College）就是一個很有趣的例子。1980年代早期，當《美國新聞及世界報告》第一次做大學院校排名的時候，當時歐柏林在文理學院的排名第五，主要原因是他們有非常好的聲望。但是幾年後，《美國新聞及世界報告》改變了大學排名的方法。他們降低了校長、教務長和入學錄取官的評估之權重。歐柏林學院馬上跌到了十名以外。這所學校的排名持續下滑，不到十年光景，已經快要跌出前二十五名，也就是《美國新聞及世界報告》所界定的頂尖文理學院。很明顯的，雖然各種客觀的品質指標都沒改變，但學界同儕的評估分數仍出現下滑。歐柏林學院之所以排名後退，一開始只是因為評分方法改變，但最終導致其地位在同儕眼中大幅下跌。這是社會影響的結果。[25]

從這裡可以清楚看出，當存在社會影響時，我們會得到正面回饋，導致強者越強、弱者越弱。誰會因為這種放大效果而得利？往往是運氣決定。

讓人更不安的是，如果你可以從不同面向來評估個人能力（好比藝術、音樂、文學、電影等），這時候運氣也會影響你對於個人能力的想法。好產品確實比較有可能成功；但是，要找出真正的成功者，卻有非常大的不確定性。卡莉‧漢納希失敗了、《迷失》卻大受好評；能力差不多的執行長們，薪水卻大不同；哈佛大學每年收到將近三萬五千份申請書,要爭取一千七百個名額。這就好像「運氣罐」裡面的運氣,改變了「能力罐」。

住在音樂實驗室的平行時空

2006年,馬修・賽格尼克(Matthew Salganik)、彼得・達德斯(Peter Dodds)和鄧肯・瓦茲(Duncan Watts)出版了一份研究報告,指出社會影響如何擴大了現實世界的不平等,導致現實世界變得難以預測。[26] 該實驗稱做「音樂實驗室」(MusicLab)。表面上看起來,這好像在研究音樂品味。研究人員建立了一個網站,並邀請超過一萬四千人參與實驗。每個人都可以聽四十八首不知名樂團演唱的歌。他們還可以下載自己喜歡的歌。

這些人第一次進入網站時,他們就在不知情的情況下,被隨機安排至兩種實驗情境。其中之一是獨立情境;另一種則是受社會影響的情境。在獨立情境中(占所有受試者的20%),研究人員以隨機順序播放歌曲。受試者可以對歌曲評分、也可以下載歌曲;他們完全不知道其他人在做什麼、也不知道其他人在他們之前做了什麼。在完全沒有社會互動的情況下,獨立情境可以合理測出品質。大家會選出自己覺得好的歌曲;至於其他人的選擇,則全然無從得知。

其他受試者則被分為八組,每組各占總人數的10%。他們可以自由評分和下載,但他們可以看到其他人之前下載了哪些歌。其中一個實驗情境,甚至按照下載次數的多寡來排序,藉此加強社會影響的效果。事實上,這八個情境就像平行時空一樣。他們一開始的情境都一樣,接下來就看社會影響會產生什麼樣的效力。

賽格尼克、達德斯和瓦茲發現,品質確實很重要。在獨立群組中得到負評的歌曲,在其他群組中,一開始也會表現的比較弱勢。同樣的,在獨立群組獲得好評的歌曲,在其他群組裡也名列前茅。但是,在具有社會影響的群組中,可以看到非常明顯的不平等現象:當中好評歌曲得到的支持率,遠高於他們在獨立群組中的支持率。這樣的結果,與夏爾文・羅森、勞伯・法蘭克與菲利普・庫克等人的研究發現完全一致。

實驗的最重要發現在於,儘管音樂品質與其商業市場上的成功大致相關,但真實的狀況卻很難預測。一首很糟的歌通常很難大賣;但在獨立情境中,優於平均的歌就有機會進駐暢銷排行榜。例如,由52metro樂團創作的歌曲「Lockdown」,在獨立情境中排名二十六,剛好在中間。但在有社會影響力的群組內,這首歌在其中一個情境下獲得第一名、卻在另一個情境中拿到第四十名。

　　這些實驗的好處就是讓我們可以抽離這些重要的影響。比較獨立世界與社會世界，可以看出社會互動如何促成不平等的形成。此外，同時進行幾個社會世界的實驗，我們就能知道，要預測哪首歌能大賣，是多麼困難的一件事。雖然音樂實驗室的實驗設計很簡單，但已經足以讓我們明白自己多麼有限。

運氣難以捉摸

　　到這裡，你應該已經了解，商業成功的背後，很可能只有一小部分的個人能力、或品質元素。但是，如果你和我一樣，你可能也很難接受，《達文西密碼》（The DaVinci Code）、《鐵達尼號》（Titanic）和蒙娜麗莎的微笑之間，其實沒有太多特別之處。[27] 它們確實廣受歡迎，而你可能會認為，它們成功的原因在於其擁有某種特質。但這三者其實都是意外。我們的心智非常擅長排除意外、並重新建立秩序；在這樣的情況下，我們會認為，這些作品都是很特別的。

　　我們很善於欺騙自己對於成功的想法；心理學家稱此為「自我

滿足歸因的偏見」（Self-serving Attribution Bias）。我們通常會認為成功乃出於自己的卓越能力，儘管事實上運氣可能占了多數成分。部分原因在於，我們都認為自己是有能力的行動者。我們可以付出努力，然後讓事情成真。所以我們會以為自己的能力造就了眼前成功。反之，我們總把失敗歸因於外部因素，包括運氣不好。[28]

愛倫·蘭傑（Ellen Langer）和珍·蘿斯（Jane Roth）寫過一篇論文，叫做〈正面我贏，反面是因為機率〉（Heads I Win, Tail's It's Chance）。裡面有一個實驗，她們要受試者猜三十次丟銅板的結果。不過，實驗人員並不會告訴受試者真正的結果，而是按照一個預先設計好的順序來告知受試者。在所有試驗中，每一位受試者「成功」的次數大約都是五成。不過部分受試者會被告知，他們一開始就經常命中；有些人則被告知他們很多都猜錯。被告知前八次命中七次的受試者，他們估計自己預測正反面的能力分數為 5.7（0 分為最糟、10 分為最高），這個分數遠高於一開始就大量猜錯的人。在這個案例中，雖然是隨機事件，但一開始的成功，讓這些受試者相信自己具有某種特殊能力，可以預測銅板的正反面。[29]

同樣的，當我們看見別人的成功時，我們也會陷入歸因謬誤。這時候，我們會傾向認為發生在他人身上的事都是因為個人能力，而非環境造成。一旦我們完成了一個解釋成功的敘事，我們就會排除其他的原因,並且把結果視為無可避免。例如,一個執行長對公司的影響力究竟有多大,目前研究人員仍莫衷一是;但多數人都沒發現,自己對於執行長重要性的認知,可能太過誇大了。哈佛商學院領導學程教授拉克希・庫拉納(Rakesh Khurana)的著作《尋找企業救星》(Searching for a Corporate Savior)提到,「社會心理學家發現,領導者形象的建立,其實是在連結領導者的特質與表現結果:無論是正面結果或負面結果,都被歸因到領導者身上,並進一步決定領導者的正面或負面形象。」但事實上,「執行長的影響力會被脈絡因素所掩蓋,例如產業與總體經濟的變化。」[30] 一家公司的成功,往往不是光靠一個人努力就可完成,而是要眾人齊心合力,而且外在環境也要幫忙。只是,我們依舊傾向將集體的成功歸因於個人。

另外要記住,產生冪次法則現象的簡單模型,終究只是簡單模型而已。它們可以提供一些有用的答案,而且可以讓我們不要太過仰賴直覺;但真實世界遠比這個模型複雜的多。以城市大小來看,城市確實會按照冪次法則排列,而我們也可以建構一個模型,創造一個可靠的圖像。但如果要了解這些城市如何達到目前的規模,這就需要更多深入的分析。當然你可以說,當人們移入一座城市,那這座城市就會變大;人口移出,則規模就會變小。但接下來你就要問,為什麼大家會移入或移出?也許是因為當地公司擴大規模、或縮減規模。另一方面，公司也會成長或萎縮，影響原因包括總體經濟因素、地方稅務減免、當地立法、或各種其他因素。造成社會影響的真實機制有很多，但往往難以辨識。所以，當你聽到有人聲稱，在面臨社會影響下還能預測結果，你應該要保持高度懷疑。

最後還有一點：在社會影響力極強的商業環境中，在裡面工作的人通常會因為運氣好而獲得高報酬；但是當壞運降臨時，卻不會受到同等的懲罰。這是2007至2009年爆發金融海嘯的關鍵。許多金融專業人員，包括銀行人員、交易員、股票經紀人，在市場大好時都拿到了豐厚報酬，將好運變現。但當金融體系面臨崩毀、許多大公司倒閉時，政府卻必須介入穩定局面。利潤私有化、損失卻社會化，產生了明顯的不公平。因為運氣而得利，並非金融業的專利；許多領域如音樂、藝術和電影也會發生這種狀況。雖然了解到運氣的重要性，但我們還是要盡量適切地評估成功、並給予適當回報。

07
有用的統計

　　2010年春天的一場會議中,我聽到一家遊戲公司談著如何改變自己的公司。他提到的一些行動,包括降低成本、聚焦在利潤最佳的產品,都在我預期之中。不過,我卻沒猜到他最強調的一點:改善產品品質。公司設定了一個目標,是要推出十五款在評論網站Metacritic上得分超過八十分的遊戲(滿分為一百)。此外,公司將把該品質評分列入考量,決定主管們可以拿到多少紅利。

　　做出高品質產品當然是一件好事。你希望客戶高興。但沒有證據顯示Metacritic的評分是可靠的;而且更重要的是,我們不知道這些評分與執行長的「創造長期股東回報」目標之間,究竟有什麼關連。爛產品會讓公司競爭力下滑,但品質過高的產品也一樣。品質與價值的關連性,在這裡並未完全釐清。

油管經銷商華勒斯公司(Wallace Company)曾在 1990 年獲得波多里奇國家品質獎(Baldrige National Quality Award),但兩年後他們就宣告破產。雖然華勒斯公司成功提高了產品的即時交貨率並擴大市占,但客戶終究不願付更多錢來負擔品質計畫的成本。後來併購華勒斯的公司,其中一位主管表示,「如果〔為了得獎所做的努力〕導致產品變得更貴,還產生許多繁複的手續,那得到波多里奇獎,幾乎是一件扣分的事。」[1]

本章要討論究竟什麼才是有用的統計。我們生活中充斥著各種統計,但很少人真正花時間去釐清,究竟哪些才是真正有用的統計。了解運氣和能力的相對貢獻,可以讓我們明白統計數據的價值。

有用的統計有兩個特性。第一,它必須有持續性。也就是說,現在發生的事,與過去發生的事情非常類似。如果你做的事情主要是靠個人能力,你會預期自己可以很穩定的重複之前的表現。如果你連續兩天測試同一位短跑健將的跑步時間,你應該會看到類似的成績。在統計上,這種一致性叫做信度(Reliability)。如果運氣的成分較高,那麼信度就會比較低。信度(或持續性)測驗就是在評估不同時間點的同一個數據。[2]

好的統計也會有預測性。例如，我們持續追蹤一位球員的投籃命中率，而在籃球比賽中，球隊的目標就是要得分。我們會發現，當其他條件不變時，球員的命中率越高、他得到的分數就越多。統計上這叫做效度（Validity）；也就是說，「投籃命中率越高、球員得分越多」，這樣的命題是真實有效的。在預測性試驗中，我們會比較兩個數值；這個案例中，我們比較的是投籃命中率和得分數。

統計專家會透過相關係數來評估持續性和預測值。相關係數指的是兩個變項之間的線性關係。相關係數 r，可能落在 1.00 與 –1.00 之間。如果 r = 1.00，這表示兩變項的分配呈現出來的點，會恰好形成一條直線。各個分配的數值不會完全一致，不過每個點之間的差異會完全相同。如果 r = –1.00，那就是完全相反的相關，其中一個變項增加，另一個變項就會減少。我們接下來要討論的大多為正相關。[3]

我們用一個例子來說明如何詮釋 r。就以大聯盟棒球比賽的得分數與勝場數來看，兩者之間有相當高的關連性（r = 0.75）。這表示，如果一支球隊的得分數比平均水準高出一個標準差，那麼他的勝場數會比所有球隊的平均高出 0.75 個標準差。（標準差是在計算變異性與平均的差異。低標準差表示整個數值分布很接近平均值；高標準差則代表這些數值離平均值很遠。在標準的鐘型分配曲線下，68%的結果會落在正負一個標準差以內。）所以，相關係數是一個很有用的資訊，讓我們了解得分數與勝場數的關係。[4]

要決定該用哪一種統計，你必須先把目標定義清楚。你希望用這些統計數據做些什麼？在運動領域，你的目標是要贏得比賽。在投資領域，你希望賺錢，或者更專業來說，你需要能夠創造優於市場平均的風險調整回報。了解目標是很重要的，如果不知道目的地，你也很難決定該怎麼走。因此，你必須把因果關係理論轉化成可觀察、可測量的數據。這樣你就可以評估，個人能力（具有高度穩定性）對目標的可預測性，究竟有多少貢獻。[5]

現在你很容易明白，為什麼執行長強調高品質，反而會讓股東感到疑慮了。你可以從許多不同層面來評估電動遊戲，所以你在不同時間點的品質衡量標準，可能會很不穩定。更重要的是，你很難證明「高品質遊戲」，以及你的目標「創造長期股東價值」之間具有因果關係。正如華勒斯公司的案例顯示，過低或過高的品質，都可能不利於公司的財務表現，也可能傷害公司的價值。

接下來我們將走進運動、商業與投資的事界，了解一般人在當中最長使用的統計數據。我們的目的，是要看這些統計是否符合持續性和可預測性。一般而言，高度仰賴個人能力的活動，往往會有較高的持續性和可預測性；相反的，如果有許多運氣成分，則相關性會較低。這些相關性，可以讓我們深入了解活動的本質。

棒球統計與魔球

我們前一章提到的數學家暨統計學家吉姆・艾伯特（Jim Albert），他曾經分析最常被用來評估棒球打者表現的「打擊率」。一開始，他分析了打者站上打擊區之後可能發生的事（圖表 7-1）。打擊率的算法，就是安打數（一壘安打、二壘安打、三壘安打或全壘打）除以打數。但你可以用許多其他統計數據來分析打者能力。其中之一叫做「上壘率」。概念上，就是把打者獲得保送的次數加上安打數，再除以打數。還有一個數據叫做「被三振率」，也就是將打者的被三振次數除以打數。艾伯特希望知道，哪些數據是出於個人能力、哪些是出於運氣。[6] 簡言之，他希望知道哪些數據具有持續性。

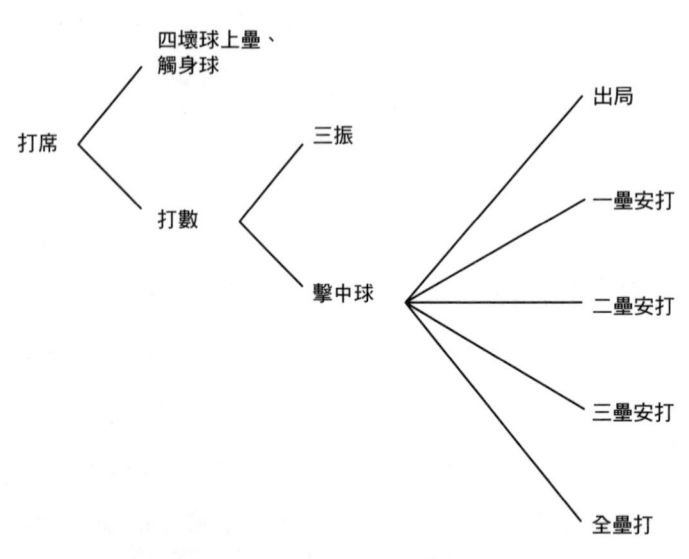

圖表 7-1　棒球打擊分析

```
打席 ─┬─ 四壞球上壘、觸身球
      └─ 打數 ─┬─ 三振
                └─ 擊中球 ─┬─ 出局
                            ├─ 一壘安打
                            ├─ 二壘安打
                            ├─ 三壘安打
                            └─ 全壘打
```

來源：作者引用吉姆・艾伯特的著作《A Batting Average: Does It Represent Ability or Luck》進行分析

　　他指出，一個比較好的方法，是比較兩年的打擊資料。如果一個統計數據可以正確評估球員的能力，你可以預期，這個數據在前一季和下一季會很類似。另一方面，如果兩年的統計數據變異極大，那麼運氣的成分或許就比較大。

　　圖表 7-2 呈現了三種統計數據的點狀散布圖，包括打擊率、上壘率和被三振率。可以發現，不同年份之間的打擊率（r = 0.37）和上壘率（r = 0.44）有相當程度的關連性。不過，運氣在當中也扮演了

圖表 7-2 三種打擊統計數據的點狀散布圖
（2010 年至 2011 年球季，打數在一○○以上的球員）

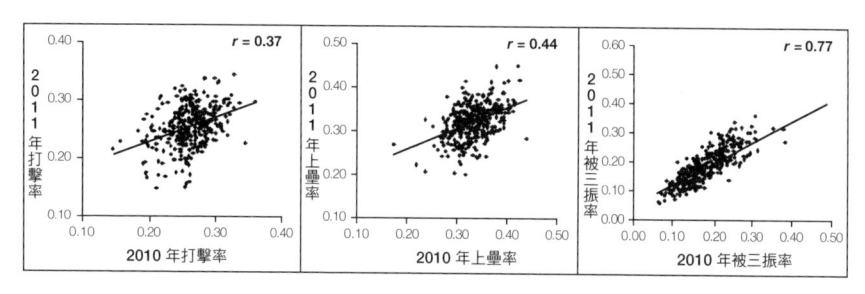

來源：作者個人分析

一定角色。

最右邊的圖顯示被三振率，而不同年份的數據呈現高度相關（r = 0.77），這是評估球員個人能力的絕佳指標。最左邊的圖，其點狀分布比最右邊的圖更為分散，這表示前者比較隨機、後者才是個人能力的展現。這些數據其實很合理。畢竟，當打者擊中球時，有太多因素會影響到這顆球會不會落地形成安打，包括球的落點、打者是否打中球心、對手的防守實力、還有場地與氣候因素等。被三振率則單純反映打者與投手之間的對決，唯一能夠影響結果的重大變數，只有裁判。

圖表 7-3 是 2010 與 2011 年間，美國職棒大聯盟棒球員的八項打擊數據之相關係數。我涵蓋了所有打數超過一百的打者，總共約有

THE SUCCESS EQUATION

圖表 7-3　各項打擊數據之相關係數排名
（2010 至 2011 球季、打數超過一百的球員）

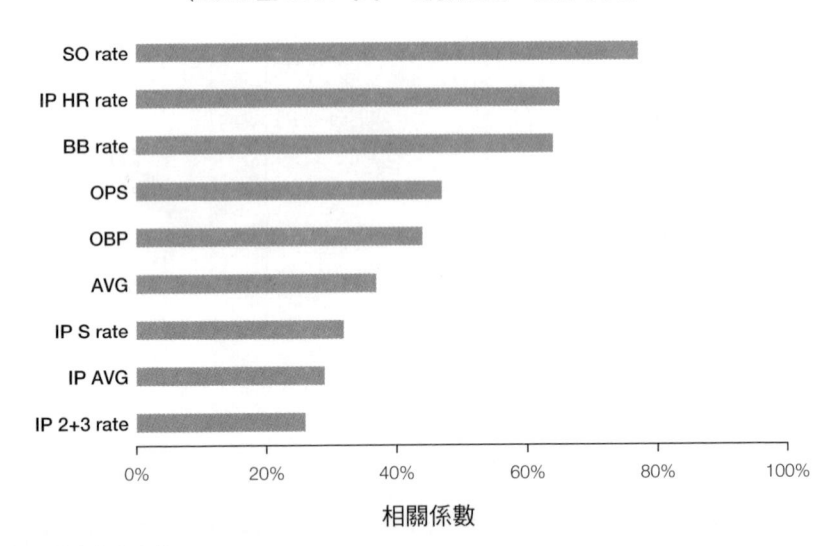

指標	相關係數
SO rate	~77%
IP HR rate	~65%
BB rate	~63%
OPS	~47%
OBP	~44%
AVG	~37%
IP S rate	~32%
IP AVG	~29%
IP 2+3 rate	~25%

相關係數

來源：作者個人分析
定義：SO Rate：被三振率（三振次數／打數）；IP HR Rate：場內球全壘打率〔全壘打數／（打數 - 被三振次數）〕；BB Rate：四壞球率（四壞球數／打數）；OPS：整體攻擊指數（上壘率＋長打率）；OBP：上壘率〔（安打數＋四壞球數＋觸身球）／（打數＋四壞球數＋觸身球＋犧牲打次數）〕；AVG：打擊率（安打／打數）；IP S Rate：場內球一壘安打率一壘安打／（打數 - 三振數）；IP AVG：場內球打擊率〔安打／（打數 - 被三振數）〕；IP 2+3：場內球二壘安打與三壘安打率〔二壘安打＋三壘安打／（打數 - 被三振數）〕。

三百四十位球員。分析顯示，有幾個數據可以高度反映球員的個人能力，包括被三振率、全壘打率以及四壞球率（打者被四壞球保送的頻率）。至於打擊率、一壘安打和二壘安打，則明顯受到運氣的影響。

我要重申一點：如果一件事情摻雜了許多運氣成分，你必須要有夠大的樣本,才能得到一致性結論;反之,如果主要是由個人能力決定,樣本就不需要太多。例如,你只要記錄一百個打數的被三振率,就可以知道這位球員的實力在什麼水準。如果你要從他的「場內球打擊率」來評估,你需要一千一百個打數。[7](場內球打擊率是將安打數扣掉全壘打,再除以打數。)

大衛・拜里(David Berri)和馬丁・施密特(Martin Schmidt)在《通往勝利的障礙》(Stumbling on Wins)書中計算了美式足球、籃球和冰上曲棍球的數據。他們發現,冰上曲棍球的每分鐘射門得分數,在不同年份之間的相關係數相當高(r = 0.89),而射門得分率則的相關性則為中度相關(r = 0.63);至於正負分比,也就是衡量球員在場上時球隊的進球數與被進球數,兩年間的相關性則較低(r = 0.32)。[8] 原則上來說,只要數據牽涉到與隊友的互動越多,相關係數就越低。

算過棒球統計數據的持續性後,我們接下來要看,這些數據是否能預測球賽的輸贏。我們希望評量進攻端的表現,所以我們就把焦點放在得分上。球隊要贏球,其得分數(進攻)勢必要高於失分數(防守)。球隊的失分數,通常就被用來分析球隊的防守。

圖表 7-4 呈現的,就是圖表 7-2 的三個數據(打擊率、上壘率、

圖表 7-4　三項統計數據與場均得分的相關性
（2011 年各球隊表現）

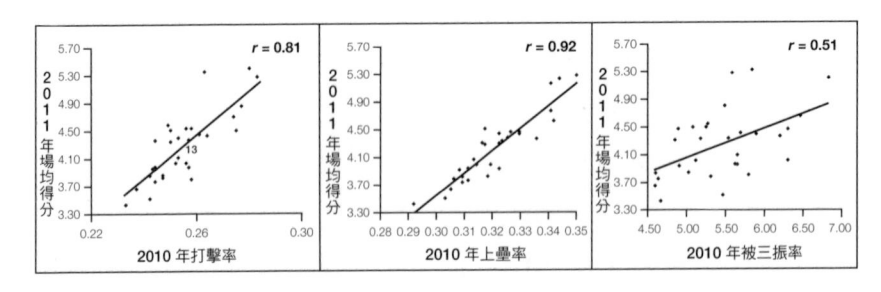

來源：作者個人分析

被三振率）以及球隊得分數的相關性。每張圖表只有三十筆資料，因為這裡我們計算的是球隊表現，而非個別球員。相關係數顯示，上壘率與場均得分數存在高度相關（r = 0.92）。打擊率的相關性則較弱（r = 0.81）。至於三振率的倒數（數值越高、三振數越少），其相關性則最弱（r = 0.51）。從圖可以發現，最右邊的點狀圖的分布最鬆散，因此也最符合隨機分布。

檢視了統計數據的持續性與預測性後，現在我們要把這些數據安插到一個圖表裡：圖表的橫軸是「運氣—能力」的光譜，縱軸則是預測值（圖表 7-5）。最有用的統計數據會落到右上角，不僅具有持續性，而且還可以用來預測球隊的得分數。落在左下角的數據最沒用，因為它們缺乏一致性，而且與球賽輸贏幾乎沒有關連。

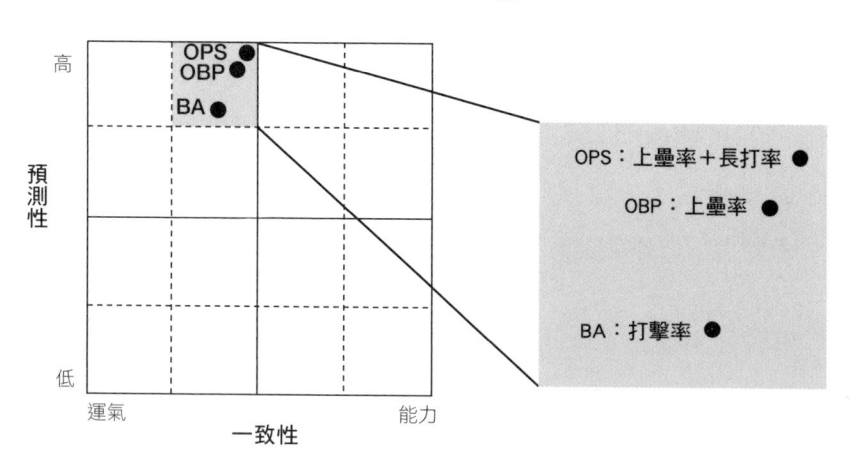

圖表 7-5　三項統計數據與場均得分的相關性
（2011 年各球隊表現）

OPS：上壘率＋長打率
OBP：上壘率
BA：打擊率

預測性　高／低
一致性　運氣／能力

來源：作者個人分析

　　這些分析，點出了麥克‧路易斯（Michael Lewis）在《魔球》（Moneyball）書中的主題，他在書中談到奧克蘭運動家隊如何找到價格被低估、卻擁有實力的球員，然後以便宜價格打造一支常勝球隊。路易斯提到，通常評估球員時，最常用的五項指標就是：腳程、投球、手臂、打擊，以及打擊爆發力。路易斯寫道，「當球隊經理談論得分時，他們通常最重視球隊打擊率」。不過運動家隊發現，球員的上壘率，其實更能有效預測球員的得分數，而「相較於其他技能，球員的上壘能力（尤其以不顯眼方式上壘的能力），往往被嚴重低估。」[9]

看過圖表 7-5，你就知道為什麼運動家隊的方法能成功。不同年的上壘率之相關係數為 0.44，高於打擊率的 0.37。較高的相關係數，代表著較高的持續性；也就是說，球員的上壘率其實比打擊率更能讓我們知道球員的實力在哪。進一步觀察這些統計數據的預測能力，就更清楚了。球員的上壘次數與球隊得分數有 0.92 的相關係數，相較之下打擊率的預測性就弱得多。

事實上，運動家隊不只是用上壘率取代打擊率而已，他們還做了非常縝密的分析。在各種統計數據中，他們使用一種修正過的上壘率，叫做整體攻擊指數（On-base plus slugging：OPS），也就是上壘率與長打率的總和。長打率指的是壘打數除以打數。舉例來說，一壘安打就是一個壘打數、二壘安打是兩個壘打數，依此類推。OPS 的一致性與預測性，都優於上壘率。不過這裡的重點是，運動家隊跳脫了傳統的統計數據，找出最有用的方法，讓他們以更符合成本效益的方式贏球。

上壘率的概念其實稱不上創新。曾在 1940 年代打破種族藩籬、簽下傑基·羅賓森（Jackie Robinson）的球隊經理人布蘭奇·瑞基（Branch Rickey），曾經寫過一篇關於上壘率的文章，於 1954 年刊登在《生活》雜誌（*Life*）。[10] 1970 年代末期的棒球評論家比爾·詹姆斯（Bill James），也認同上壘對得分的重要性。多數球隊主管都不願使用統計方法來分析個人能力與運氣,他們寧可仰賴自己的直覺。詹姆斯寫道,「棒球人每天小心翼翼地拿著儀器,面對各種機會出現,他們已經憑空建立一個完整的因果關係,可以合理化眼前的各種現象,但事實上這些現象根本純屬意外。」[11]

長久以來,運動領域的決策者已經形成一套經驗法則,用來評估球員表現、執行球場上的策略。在許多情況下,這些經驗法則會與統計數據一致,無論用什麼方法,都很容易找出卓越的打者和投手。但多數主管們採用統計分析的進度卻很緩慢,他們忽略了一致性與預測性的統計數據,因而沒能掌握贏球的真正原因。我們接下來會看到,這種現象並非只存在於運動領域。

商業統計:追隨大眾、編織理由

職業棒球是一門生意,但在許多球員、球迷和經理人眼中,這只能算是運動賽事。相較之下,企業的目標更清楚。一般人都接受的目標,就是要讓公司的股票價值極大化。實際上來說,這表示公司所投資的每一塊錢應該要創造超過一塊錢的價值。[12] 了解這樣的想法後,下一步就是要釐清適當的評估方法,找出成功背後的真正原因。

公司一般會衡量財務與非財務價值。我們可以觀察主管們的支薪依據，以及主管們認為最重要的數據，來判斷目前最普遍的財務指標。我們從這兩個問題得到了相同的答案：每股盈餘（Earning Per Share；EPS）。

Frederic Cook & Company 完成了一份主管薪酬調查，他們發現，每股盈餘是最常見的績效指標，大約有半數的公司都採用這個方法。[13] 史丹佛商學院的研究人員也得到相同結論。[14] 許多公司也表示，這是他們評估績效的依據。財務金融教授約翰‧葛拉罕（John Graham）、坎貝爾‧哈維（Campbell Harvey）以及希瓦‧羅基戈帕（Shiva Rajgopal）調查了四百位財務主管，他們發現，有將近三分之二的公司認為，在三個對外揭露的重要數據中，獲利排名最前面，另外兩個則是營收與營收成長率。[15]

我們馬上會問，每股盈餘的成長，是否符合創造股東價值這個目標。答案是：依情況而定。獲利成長與價值創造可以相輔相成，但公司為了提高每股盈餘，也可能傷害價值。[16] 的確，葛拉罕、哈維與羅基戈帕發現，「多數公司都願意犧牲長期經濟價值，來追求短期獲利表現」。他們認為這個結果「讓人震驚」。[17] 理論顯示，每股盈餘成長率和價值創造之間，只有非常微弱的因果關係。

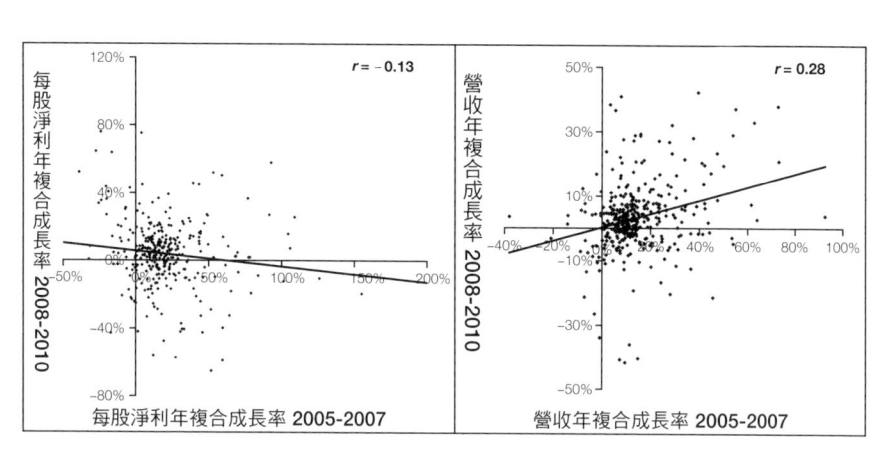

圖表 7-6　每股盈餘成長率與營收成長率的點狀散布圖
（2008-2010 v.s.2005-2007）

來源：作者個人分析

　　我們來看每股盈餘與營收成長率的持續性。圖表 7-6 呈現了美國三百家大型企業（非金融業）每股盈餘成長率的相關係數。我們比較了 2005 至 2007 年，以及 2008 至 2010 年的年複合成長率。其相關係數為負值，而且相當微弱（r = −0.15）。營收成長率的相關性較高（r = 0.30）。該結果符合過去的研究發現：獲利成長的持續性較低、營收成長的持續性較高。獲利成長率會很快出現均值回歸；這種現象，經常發生在運氣扮演重要角色時。[18]

　　圖表 7-7 則是這些數值的預測性。縱軸是依變項，代表每間公司的股東總報酬減去標普五百指數的總報酬。調整後的獲利數字，顯

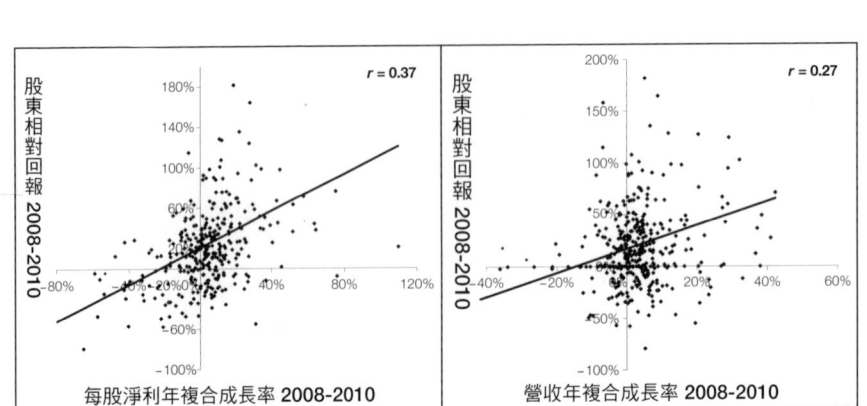

圖表 7-7　每股盈餘成長率與營收成長率和股東報酬
（相對於標普五百指數）之關連性（2008-2010）

來源：作者個人分析

示相當不錯的關連性（r = 0.40）。也就是說，如果你可以預測獲利成長的幅度，你可以獲得相當不錯的報酬，儘管獲利成長並不能完全反映在價值創造上。但問題是，要預測獲利並不是件容易的事，因為獲利成長缺乏持續性。[19]

至於營收成長率，這個數值雖然有比較高的持續性，但其與股東回報的關連性則比較弱（r = 0.27）。所以，這兩個最受歡迎的績效評量標準，都有不足之處。這並不讓人意外，畢竟股價的波動會反映市場的期待。通常一家公司的績效會影響市場的期待，但公司的基本面與期待也可能脫鉤。因此，思慮周延的公司主管和投資人

第 7 章 | 有用的統計

會努力了解股價中所反映的市場期待,並釐清這樣的期待是否合理。

我們前面提到電玩遊戲公司的例子。事實上,很多公司也會用非財務性數據來評估績效。這些數據包括產品品質、工作環境安全、客戶忠誠度、員工工作滿意度,以及客戶是否願意推廣特定產品。這些數據也經常會影響主管的薪酬,但當中的風險就是,主管們會刻意選那些讓他們看起來體面的數據。

克里斯多福・伊特納(Christopher Itner)和大衛・拉克(David Larcker)在《哈佛商業評論》中寫道,「多數公司都沒有努力找出那些可以促成其策略的非財務性績效。它們也沒有找出非財務領域與現金流、獲利或股價之間的因果關係。」伊特納和拉克調查了一百五十七家公司,他發現,超過七成的公司選擇的績效數據並不能促成公司希望達成的結果。而且,有超過四分之三的公司無法證明,它們測量的數據能夠影響公司的獲利。研究人員指出,它們調查的公司中,至少有七成並未考量非財務數據的持續性(作者稱為信度)和預測價值(他們稱為效度)。

但也不全然都是壞消息。兩位會計背景的教授發現,願意多付出心血評估非財務數據、並核實其真正效果的公司,它們的獲利會高於沒這麼做的公司。[20] 換言之,你可以用非財務數據來改善績效。

遺憾的是，一般公司最常用來追蹤與溝通績效的數據，並不能解釋公司究竟創造了多少股東價值。隨便選擇的非財務數據更糟。有太多公司在選擇統計數據時，是為了自己與他人一致，而非為了自己的效益。深思熟慮的主管們，會明確提出他們的管理目標。然後他們會試著找出能夠穩定邁向這些目標的原因。表現出來的持續性，意味著個人能力的影響力將大於運氣。開明的主管們會畫出方向圖，讓他們可以了解、追蹤、管理各種因果關係，藉此掌握公司與股票的價值。

投資：過去績效不代表未來的績效

投資市場充滿許多聰明且進取的機構投資人。我們可以發現，整個產業高度競爭，均值回歸效應也非常強。由於市場具有效率，所以基金經理人不容易有優於市場（調整風險後）的表現。效率概念的背後，就是資產的價格已經反映了已知資訊。嚴格來說這不一定總是成立，而市場也經常會有極端表現。但只有非常少數的投資人能夠長期有系統地擊敗大盤。並不是因為投資人缺乏能力，而是因為這當中存在著能力的矛盾：投資人變得越來越精明，資訊傳播也變得更便宜、更即時，這會導致能力的變異性變小、運氣反而變的更重要。[21]

由於投資活動在短期內牽涉到太多運氣，因此我們可以合理推論，短期的成功或失敗並不足以證明其能力。但我們都會努力尋找眼前現象的原因，而投資經理人賺到錢，似乎可以證明他非常清楚自己在做什麼。在投資領域，這種謬誤的代價非常昂貴。

已經有非常多學術研究指出，人們如何決定投資的標的與時機。一般而言，無論是個別散戶或機構投資人，都喜歡投資那些過去績效良好的經理人與資產，至於面對那些表現不好的經理人與資產，自然要贖回資金。機構投資人，包括退休基金和捐贈基金，他們通常是由訓練有素的專家負責，理當深諳金融市場的運作。儘管如此，他們也傾向聚焦在短期的結果，與一般不那麼專業的散戶投資人並無二致。[22]

所以，與其關注與結果具有相關性的數據，多數投資人會直接看結果。圖表 7-8 呈現了一千五百支共同基金，在 2005 至 2007，以及 2008 至 2010 年間的「風險調整後超額報酬」之相關性，結果發現兩者之間只有低度相關（r = −0.15）。每一支基金的回報，都與其相應的基準作比較。（財務教授會用希臘字母 α 來代表超額報酬。由於高風險通常代表高報酬，所以 α 就是在算基金經理人承擔風險

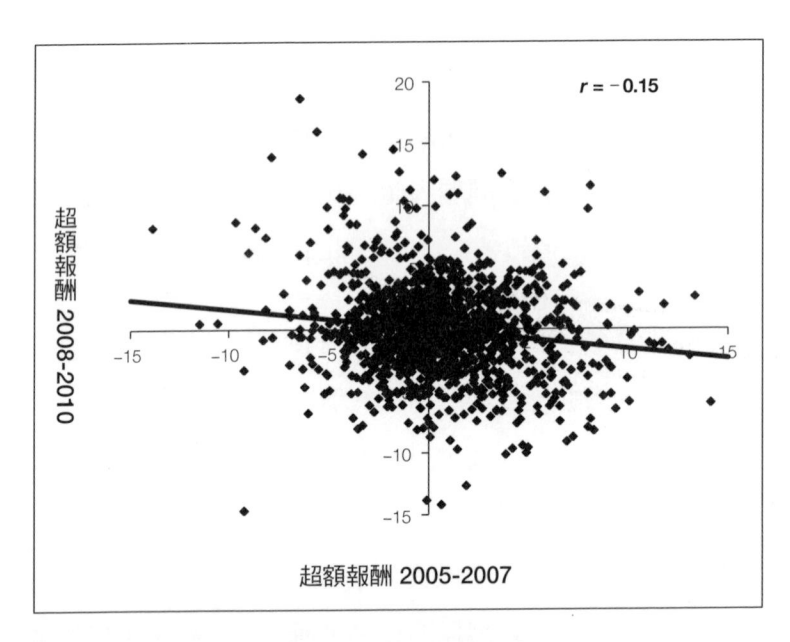

圖表 7-8　超額報酬的相關性（2008-2010 與 2005-2007）

來源：作者個人分析

下的超額報酬。）相關性不明顯，也證實了投資活動確實存在著個人能力的矛盾，而且有很強的均值回歸現象。

散戶投資人無法取得專業投資人的精密分析工具，所以他們會參考評級機構來做決定。最知名的評級機構就是晨星（Morningstar, Inc.），它們會用五顆星的評等來評估共同基金。研究人員分析這些基金的初始評等與後續的評等變化，發現投資人會放比較多的錢在評等正面、或被調升評等的基金,也會減碼賣出評等低、或被降評的基金。[23]

這種星級評等系統,其實是根據過去的風險調整回報,所做成的強迫常態分配。舉例來說,績效最佳的前10％基金會得到五顆星,接下來的22.5％得到四顆星,中間35％為三顆星,接下來的22.5％為兩顆星,最後10％為一顆星。晨星會依據基金的時間長度進行加權,所以歷史悠久的基金之過往記錄,其權重會高於近期的績效表現。該星級系統並不是真的能夠讓你賺錢;它只是告訴你,這些基金過去績效為何。[24]

我檢視了超過四百支共同基金,觀察他們在2007年底與2010年底所得到的晨星評等,看看究竟有多少基金的評等有出現變化。結果呈現中度相關(r = 0.29)。這個結果不讓人意外,因為很多基金一開始就是三顆星,然後一直維持不變。此外,我們可以發現很強的均值回歸效應。在五顆星與一顆星的基金中,只有不到一半的基金會一直保持的績效;至於絕大多數的三星級基金都則保持不變。[25] 只要一支基金越接近平均,它就越可能維持相同績效。

關鍵問題是,晨星評等是否能協助你做任何預測。我比較了這些晨星基金在2010年底以前的三年績效,以及在2007年底以前的三年績效。結果與圖表 7-8 一致，我只發現非常微弱的相關性（r = − 0.10）。散戶與機構投資某個基金的主要原因是標的過去的績效表現。但這些數字，其實沒辦法告訴我們太多關於未來三年績效的資訊。

我也檢視了共同基金相關的費用。投資人真正賺進口袋的錢，就是基金回報扣除掉相關手續費與成本。費用低、回報就高。我們發現，每一期的費用／資產比例，確實與下一期的費用／資產比高度相關。2010 年的費用比率與 2007 年的比率，就有高度關連性（r = 0.91）。不過，我也發現，費用／資產比例與接下來的回報沒有相關。2007 年的費用／資產比例，以及 2008 至 2010 年的超額報酬，相關性趨近於 0（r = 0.01）。

要在投資領域找到讓人滿意的統計工具，恐怕徒勞無功；事實上，我後面會提到，與其研究過去的結果，不如把焦點放在投資的過程。不過，投資領域中有一種統計叫做「主動投資比率」（Active Share），值得我們考慮。這是由兩位經濟學家馬丁・克雷默（Martijn Cremers）和安提・皮特捷斯特（Antti Petajisto）提出的方法，主動投資比率會計算投資組合中不屬於標竿指數的比例。這個數值從 0 到 100，0 表示這檔基金與標竿指數完全一樣，100 則表示基金與指數完全不同。主動投資比率低的基金與標竿指數很相近，通常會被稱做「指數投資」(Closet Indexers)。由於這些基金還要收手續費,所以通常他們的報酬會低於市場指數,但差異並不大。主動投資比率高的基金,他們的結果會與指數有較大差異,他們可能會選擇不同的股票、或是加碼／減碼特定的產業。[26]

由主動投資比例基本上反映了基金投資人採取的選股政策,所以我們可以預期,其在不同時期的關連性會相當高。圖表 7-9 顯示,從 2007 到 2010 年的關連性非常高($r = 0.86$)。該圖表也指出,主動投資比例(2007 年)與接下來的超額報酬(2008-2010 年)有還不錯的相關性($r = 0.27$)。在一般活動中,這樣的關連性根本微不足道,但在投資領域中已經算是相當出色。圖表 7-9 的右側圖表顯示,

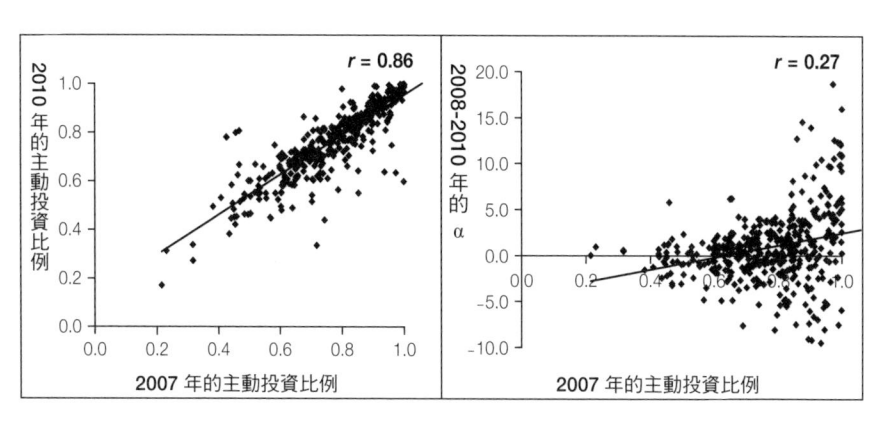

圖表 7-9　主動投資分析:持續性與預測性

來源:作者個人分析

雖然主動投資比例高的基金可能會有較好的績效，但當中也存在很高的變異性。克雷默皮特捷斯特後來使用追蹤誤差（Tracking Error）來修正這個分析，希望算出個別投資組合與指數的差異程度。他們發現，主動投資比例高、追蹤誤差低的基金，其創造的超額報酬（調整風險後），會優於主動投資比例高且追蹤誤差高的基金。

投資是高度競爭性的活動，所以當中的隨機性會對結果有很大的影響。雖然事實證明個人能力確實存在，但只有一小部分的投資人真的能力出眾；光看他們的短期表現，並不能反映他們的能力。多數人會把錢投在過去績效良好的經理人身上。但這不保證他們未來也有同樣表現。投資活動有太多可能性，過程與結果不見得相符。

比較各領域

有用的統計具有持續性，而且可以幫助你進行預測。你可以觀察這些變項與結果的關連性，來判斷統計數據的好壞。這兩個指標可以讓我們可分析各種活動，包括運動、商業與投資。圖表 7-10 顯示，體育活動的統計數據，會比商業和投資活動更具一致性、且有更高的預測性。

圖表 7-10 傳達了另一個重要訊息：這些活動的時間長度與樣本大小都不一樣。一般的標準是，依照個別領域中專業人員所用的時間長度，來決定我要用的時間長度。例如，在體育賽事中，最常用的時間單位是「賽季」。在商業與投資領域，一般專業人員是以三年

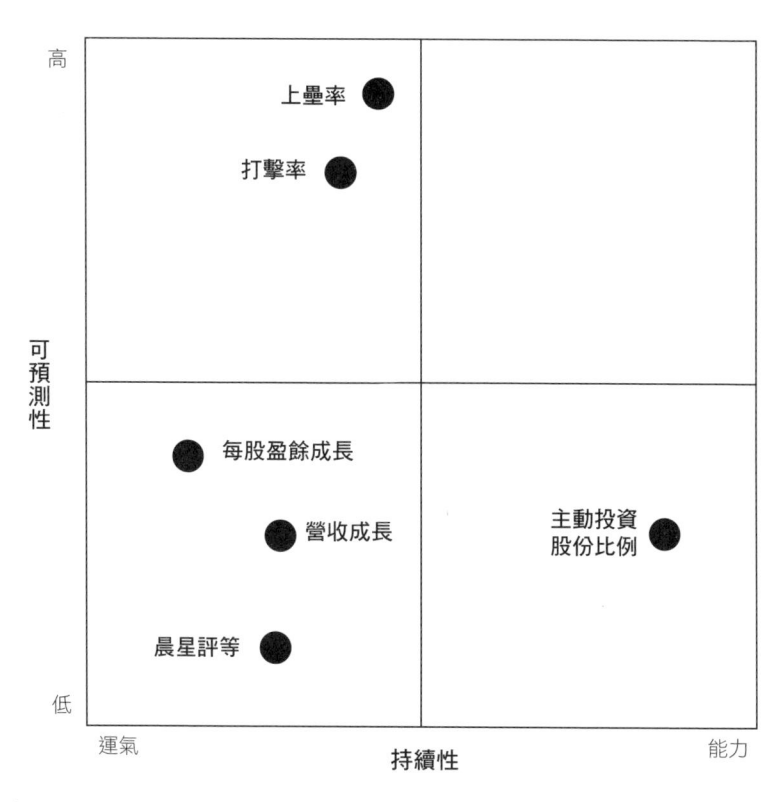

圖表 7-10　依據持續性和可預測性，將各種活動分類

高
可預測性
低

上壘率
打擊率

每股盈餘成長
營收成長
主動投資股份比例
晨星評等

運氣　　　　　持續性　　　　　能力

來源：作者個人分析

為單位。

另外要注意的是，相關性不等於因果關係。理論是要解釋因和果，而統計則是用來測試理論的手段。釐清目標、並謹慎找出形成該目標的因子，這個過程是非常重要的。我們看到，很多公司在採納非財務性指標之前，並沒有經過這些程序。

最後，儘管個人能力具有持續性，但持續性不一定能反映個人能力。你必須小心思考，在個人或運動團隊的表現中，究竟有哪些東西可以充分掌握。例如，主動投資的股份比例就是基金經理人可以控制的（假設沒有其他外部限制）。另一方面，因為馬太效應帶來的成功（例如富者越富）會有持續性，但卻是因為運氣造成的結果。[27]

很多領域都會用到統計。但很少有人會停下來思考，這些統計數據是否真的有用。只要測試持續性和可預測性，從這些數值，就可以讓我們看出這些指標究竟有無實用性。

08
建立能力

　　學術界經常會看到研究人員共同發表論文。但是，2009年一篇名為〈專業的條件〉（Conditions for Expertise）的論文，卻是由一個非常怪異的雙人組合完成。[1] 其中一位作者是丹尼爾・康納曼（Daniel Kahneman），他可以算是全世界最卓越的心理學家，提出了「捷徑與偏誤」（Heuristics and Biases）的方法來了解決策過程。該研究指出，一般人都會很快、很直覺式地做決定，最後導致可預期的錯誤。接受這個概念的人，會帶著懷疑眼光來看所謂的專家，並且把焦點放在直覺判斷產生的錯誤。康納曼的暢銷書《快思慢想》（*Thinking, Fast and Slow*），也支持這樣的觀點。[2]

另一位作者是心理學家蓋瑞・克萊恩（Gary Klein），他最為人知的就是他自然主義的決策研究。克萊恩研究了專家直覺的成功案例，領域包括消防隊滅火、軍隊交火和醫療，他希望了解、分析為何專家可以做出好的決定。自然主義的決策研究讚頌專家，並強調直覺判斷的優點。克萊恩的著作《力量的來源》(Sources of Power)，便記載了專業的好處與重要。[3]

這篇論文的副標，暗示了最後的結論：「專業的條件：無法反駁。」雖然他們從負面角度來了解專業，但他們同意，在相對狹隘的條件下，專業確實存在。如果因果關係清楚，與你做的事情一致（具備效度的條件），而且如果你認真練習並得到正確的回饋，那麼，你確實可能變成專家。[4]

本章要討論建立能力。至於你要採取何種方法，端視該活動落在「運氣─個人能力」光譜的位置。如果環境穩定、運氣的重要性很小，那麼刻意練習就可以強化你的能力。如此條件下，你可以培養真正的專業。例如，如果你持續練習拉小提琴，長期下來，你演奏的音樂品質會變得更好。如果你希望學好打字，你可以遵照一套方法、每天安排時間練習，然後在頁面上看自己的錯誤。你可以得到即時、可靠的回饋；練習越多、打得越快、犯的錯誤也越少。

第8章 │ 建立能力

　　如果一項活動會被運氣左右，你就不會得到這樣的回饋，至少短期內不會。你做的事情不見得與結果有關。所以最好的方法，就是專注在你的過程上。如果你練習的是撲克牌，你在建立能力時，牌局的結果可能時好時壞，因為這個遊戲本來就有一部分是由運氣決定。但是當你變得更專業後，長期下來勝出的機率會變高。

　　大多數的工作中，都含有我們熟悉與不熟悉的任務。這時候，列出勾選清單，可以幫助我們強化自己的能力。一般來說，檢查清單不可能包含那些你還不知道的事。但清單上的項目，可以確保你已經完成了所有該做的事。此外，當你走偏時，檢查清單可以導正你的方向、讓自己集中注意力。讓人驚訝的是，很多領域都可以列出檢查清單，但真正做的人卻不多。

　　能力與專業的議題，近幾年在報章媒體上得到不少注意，但這是否讓我們更加了解該如何增進能力？目前並不清楚。少數作者很謹慎提出，在什麼樣的條件下，刻意練習可以帶來成功；很多人似乎都接受一個命題：努力可以克服所有人的內在差異。但主要的問題仍然存在：人們總是在不該仰賴直覺的情境下，單靠自己的直覺來做決定。

　　以投資為例，投資牽涉到許多運氣；我們都知道，投資者的績效只有非常低的持續性,通常也沒有專家可以穩定預測市場的走向。投資領域的效度很低、也沒有明確回饋。儘管證據顯示,有少數人確實能力出眾,但在這領域中,你幾乎不可能訓練自己的直覺。但很多投資人還是會靠直覺做決定。一份問卷調查了二百五十位經驗豐富的投資人,他們發現,有將近三分之二的投資人同意以下說法:「隨著預測或建議變得更複雜且困難,我會傾向仰賴自己的判斷,而較少使用正式的量化分析。」[5] 面對複雜的狀況,投資人進入一種更單純、更直覺的模式。丹尼爾‧康納曼稱此為「替代」(Substitution)。他解釋,「目標問題指的是你有意要評估的問題。捷徑問題是比較簡單、你轉而回答的問題。[6]」我們會用簡單的問題來應付複雜的問題。

為了了解直覺可以在何處派上用場,我們接下來就來探討「刻意練習」這件事。在某些活動中,你會透過刻意練習來提升能力、建立專業、形成直覺。

刻意練習:結構、努力、回饋

康納曼提到,我們有兩種決策系統。系統一是經驗系統(Experiential System),「它會自動、快速地運作,個人幾乎沒有、甚至完全沒有自主控制。」系統二則是分析系統（Analytical System），「它會把人的注意力放到需要耗費精神的心智活動上，包括複雜的運算。」系統一很難調整或修正；但你可以主動參與系統二。這樣的分類，有助於我們了解「刻意練習」將如何影響我們的表現。

康納曼解釋了兩種系統的互動模式：

當你清醒時，系統一和系統二都會保持活躍。系統一會自動運轉，而系統二通常會保持在一個舒適、輕鬆的模式，只耗費一部分的容量。系統一會持續向系統二發出建議：印象、直覺、意圖，和感覺。如果得到系統二的認可，印象和直覺就會轉變成信念，衝動會變成自願行動。多數時候，這一切都很順暢，系統二會採納系統一的建議，只有稍做調整、或完全不調整。一般而言，你會相信自己的印象，並按照自己的喜好來行動，通常這麼做沒問題。[7]

在這裡，刻意練習就有其必要性。你可以透過練習，訓練自己的「系統一」，進而變成專家。當你能夠下意識地動作、不需要耗費大量注意力進行高度思考，你就變成了專家。西洋棋高手可以輕鬆地判斷棋盤上的局勢。網球高手不必思考，就知道要如何回擊球。因為他們受過密集、有明確指示的訓練，所以專家可以自動掌握狀況、快速解決問題，並且做出完整、正確的回應；如果是新手的話，他恐怕還在用自己的「系統二」分析眼前狀況。[8]

刻意練習、培養專業，只適用於「運氣—個人能力光譜」的能力一端。只有面對穩定、線性的活動，你才能訓練自己的「系統一」。**穩定**的意思是遊戲規則不變；**線性**則是指因果關係清楚且穩定。舉例來說，西洋棋盤上就是有八行、八列，共六十四個黑白相間的格子。每個棋子都有固定的走法。當你出錯時，會失去陣中的兵卒和棋子。

在線性系統中，特定原因總會產生相同的結果。撞球桌上就是很好的例子。如果你知道球的原理，包括球的移動速度、撞擊力道，以及兩顆球的撞擊角度，你就能非常精準地預測結果。相較之下，股票市場的動態，顯然是因為重要資訊的影響。例如，2001年九一一攻擊事件後，隔天標普五百指數下跌了4.9%。但是，很多時候指數的波動卻與市場上的消息無關。當市場有重大波動時，媒體喜歡將原因導向某個明確的原因。但經濟學家指出，這些原因其實沒有任何顯著性。這不過是創造新聞銷量而已。[9]因為市場上的因果關係並非線性，所以你沒辦法穩定訓練自己的「系統一」，來預測結果。刻意練習在很多領域可以看到明顯成效，包括西洋棋、音樂和體育。但我們也要了解其局限。很多書籍提倡刻意練習，但卻沒提到究竟哪些領域適用、哪些領域不適用。[10]

開始刻意練習時，會由一位教練或老師設計專門課程，目的是要提升表現。[11]老師會釐清哪些能力是成功的關鍵，讓學生可以專注培養這些能力，以提升表現。多數人不會按照專業設計的課程來練習。例如，如果你參加一支少棒球隊的練習，你常會發現他們根本沒有架構。小朋友的練習內容，並不能讓他們在真正比賽中贏球。他們隨性練習，也很少測試自己的極限。正確的練習通常會要求球員超越自己的舒適界線，球員會持續感覺到吃力，卻又不會完全無法招架。

當老師或教練設計好適當方法後，就要投入大量時間與精力練習。全世界最厲害的扒手阿波羅 羅賓斯（Apollo Robbins）就是一例。羅賓斯表演時會邀請一位觀眾上台，他會告訴這位觀眾，他將從他身上取得多項物品，然後他就在眾目睽睽之下完成這些事。（他事後會物歸原主，所以大家稱他為「紳士小偷」）。他主導別人注意力的手法已經達到爐火純青。羅賓斯在拉斯維加斯的凱薩宮魔術皇宮磨練自己的能力，希望一睹其風采的人，經常大排長龍。據他估計，羅賓斯每個小時可從二十五個觀眾身上偷東西、每天晚上表演五小時、每週五天、連續五年不曾間斷。他花了超過六千小時來精進自己的能力。他會告訴你，現在他的動作已經邁入自動化。這種專業的關鍵是：他甚至不需要用腦思考。經過多年練習，他已經充分訓練自己的「系統一」。他也會告訴你，他的拿手絕招非常不易學習，需要好幾個小時的專心練習才能駕輕就熟。

刻意練習的過程，往往沒有什麼樂趣。研究相關領域的心理學家安德斯‧艾瑞克森（Anders Ericsson）寫道，「這件事本質上一點都不有趣」，一般人這麼做，都是為了「工具性價值，希望提升自我表現」。[12] 你需要高度專注與投入才能獲得進步，這往往難以達成、也不容易維持。確實，如果每年練習時間超過一千小時的話，可能會有筋疲力盡的風險。刻意練習之所以困難的原因之一在於，它迫使你停在認知階段，讓你持續想著突破現況，卻不讓你溜進自動化階段、用習慣動作來創造績效。這種有結構的練習，可以讓你不斷突破表現。康納曼指出，我們都喜歡仰賴輕鬆、自動化的「系統一」，希望避免耗費心力的「系統二」。人類心智的天性都是懶散的。

回饋是支撐刻意練習的重要元素。你必須得到正確且即時的回饋，你的表現才會持續進步。頂尖人才通常會找教練，就是這個原因。因果關係之間的強連結是很重要的；而且，如果沒辦法得到好的回饋，刻意練習的效果也會打折扣。

第 8 章 | 建立能力

　　阿圖・葛文德（Atul Gawande）是波士頓布萊根婦女醫院（Brigham and Women's Hoepital）的外科醫師，他也是《紐約客》（The New Yorker）雜誌的專欄作家和哈佛醫學院助理教授。葛文德當年經歷了完整訓練才成為外科醫師，而他就像其他醫師一樣，當他離開學校後，就再也沒有人逼著他不斷練習技能。在他執業的前幾年，他發現自己在手術房的表現持續進步。然後他遇到了瓶頸。他做得非常好，但他不禁懷疑，自己是不是該雇用一位教練，讓他的技術更加精進。

　　葛文德找來過去教過他的退休外科醫師勞伯・奧斯汀（Robert Osteen）。奧斯汀從旁觀察的第一場手術，在葛文德看來，是沒有任何瑕疵的。但隨後在休息室，奧斯汀告訴葛文德，他並沒有把病人安置好、動手術時手肘提太高，而且手術燈偏離了傷口位置。葛文德已經是一位成熟的醫師，但他請來這位教練，讓他得到了寶貴的回饋，使自己的表現更進步。這次的經驗讓他寫了一篇文章，他問道：為什麼其他領域不會聘請教練？包括教學也一樣。[13]

　　刻意練習無疑是取得能力的關鍵方法。但市面上有些探討刻意練習的暢銷書，卻給讀者留下錯誤印象。其中一個錯誤觀念是，不管是什麼樣的專業，你都需要一萬個小時的練習。確實，要成為專家，平均起來需要一萬小時；但真正時數其實有非常大的變異性。

例如，一份研究指出，要成為西洋棋大師所需的時間，從三千小時到兩萬三千六百小時不等。平均時數是六千七百小時。成為專家需要投入大量心力，但你花的時間不見得是一萬小時。[14]

另一個誤導人的觀念，就是認為內在天分一點也不重要。這個觀點認為，只要肯拼，就可以成就專家。最近的研究，卻不支持這種論點。密西根州立大學心理系教授查克・漢布里克（Zach Hambrick）和貝希・孟茲（Betsy Meinz）曾研究，除了刻意練習以外，究竟還有哪些因素會影響表現。他們寫道，「現有證據無法支持『基本能力無足輕重』的說法；相反的，證據顯示，基本能力可以預測個人能否順利完成各種複雜任務，包括西洋棋、音樂等；它甚至可以決定，在眾多有能力的人當中，究竟誰能勝出。」努力確實很重要，但它不代表一切。[15]

另一個論點是，如果要進入到高層次的認知領域，都必須具備一定程度的智力門檻（通常是指智商達到120，大約是所有人的前10%）；超過這個門檻後，智商再高也無法轉化成任何優勢。[16] 研究人員發現，在認知能力最頂尖的人口中，當中的差異也會導致學校表現之差異、甚至多年後的工作表現也會不同。舉例來說，在SAT推理測驗中排在第99.9的十三歲學生，他們後來成為數學或科學博士的可能性，是排在99.1的學生的十八倍。[17] 在論實力的活動中，基本能力還是很重要的。

如果你希望做一件需要能力的事，你就必須練習。年輕人應該要追求的，就是努力。努力沒有捷徑。正因如此，家長、老師與教練應該要對小孩的努力付出給予鼓勵，而不是針對他們的內在天賦。[18] 也就是說，「天賦不具影響力」的說法，並未獲得證據支持。卓越表現往往結合了基本能力與大量努力。結合這兩者，才能得到訓練有素的「系統一」與真正的專業。

檢查清單：用結構化方法來管理注意力

多數的工作，都含有一般例行性任務，以及其他新的任務。[19] 例如，醫生會按照一定的標準程序來準備病人的手術，但是當醫生真的進行手術時，他不會知道接下來可能面臨什麼樣的複雜情況。問題是，多數醫生都把注意力放在手術本身，而忽略了前面的例行性工作。因此，他們有時候會不按照規則操作，將病人的健康置於風險處境。問題的關鍵，並非在於醫生不懂得如何照表操作，而是他們的注意力放在別的地方。

彼得・普羅諾佛斯特（Peter Pronovost）是約翰霍普金斯醫院

（Johns Hopkins Hospital）急診室的麻醉科醫師。普羅諾佛斯特發現，美國每年有四萬人死於中心靜脈導管置入手術的感染；這個手術會把一根管子放到病人身體中。這種死亡案例看起來像是手術中出現的「複雜情況」，但其實完全可以事先避免。但是，這種感染而死亡的人數，跟每年死於乳癌的女性人數相當。於是，普羅諾佛斯特設計了一份簡單的檢查清單，讓醫師們在置入靜脈導管時可以照著做。他的舉動省下了數百萬美元的費用、也拯救了數千條人命；葛文德在《紐約客》中寫道，這比「過去十年來任何一位實驗室科學家」做的都還多。[20]

檢查清單當中包含了一系列的步驟，必須精準、且即時完成。只要是具有明確因果關係的活動，都可以使用檢查清單，包括航空業和建築業都是如此。例如，全世界的飛行員都會使用檢查清單，也得到很多好處。檢查清單確保飛行員可以精準完成所有步驟，不會出錯。

檢查清單非常有效，但如果一份工作同時包含了機率成分、又包含標準流程，這時候大家往往會較少使用清單。原因是：這些領域的專業人員認為自己在展現技藝，而清單實在太過麻煩。他們認為自己有足夠知識可以完成工作，所以不需要幫忙。這是不對的；這種態度往往造成巨大損失。

每年醫生會放五百萬根靜脈導管到病人的身體裡,所以普羅諾佛斯特明白,如果他要每個醫師都使用這個清單的話,清單必須非常簡單且實用。疾病管制中心(The Centers for Disease Control)對於靜脈導管的導入,有一份長達一百二十頁的學術文件,但這份報告太長、太含糊,實用性不足。因此普羅諾佛斯特與同事一起設計了一份檢查清單,裡面只有五個簡單步驟:

1. 用肥皂或酒精洗手;
2. 配戴消毒過的手套、帽子、口罩和手術衣,用消毒過的布覆蓋病人;
3. 可能的話,避免將導管置於鼠蹊部;
4. 在導入處進行除菌處理;
5. 不需要導管時,將導管移除。

普羅諾佛斯特把這份檢查清單交給外科急診室,然後請護理師記錄醫師完成五項步驟的比例。結果,完全這麼做的比例只有38%,這個事實讓普羅諾佛斯特非常震驚、也感到沮喪。醫生等於讓將近三分之二的病人暴露於風險中。接著他發現,這個問題的一大原因,是因為各項配件四散於各處,醫生護理師必須從不同地方取得手套、口罩、手術衣和導管。於是,他設立了「中央組合車」(Central Line Cart),把醫師需要的所有東西都集中在一處。如此一來，醫生符合流程的比例提高到 70％；這比之前進步許多，但還是沒有達到完全遵守。他相信醫生們都想要好好照顧病人，而且他們早已熟記清單上的所有項目。但問題是，醫生就是不想理會這些瑣碎事。

所以，普羅諾佛斯特採取了非常手段，他要求護理師負責執行這項任務。醫院像許多其他組織一樣具備清楚的階層制度，其中的頂端自然是醫生。但普羅諾佛斯特與員工坐下來談，他向大家解釋自己要達成的目標，並解釋為什麼這件事如此重要。一開始，醫生覺得這會傷害他們的權威性，而護理師則擔憂這會讓他們遭致批評。但普羅諾佛斯特成功說服各方，讓大家採用新方法。不到一年，感染率大幅降到幾近於 0。[21]

普羅諾佛斯特的事情後來得到葛文德的注意，最後他寫了一本書，名叫《清單革命：不犯錯的祕密武器》(*The Checklist Manifesto*)。在這本書中，葛文德研究了許多不同的專業領域，他提出一些指導方針，告訴大家如何建立有效的檢查清單。其中最重要的是，實際工作者必須參與設計清單。[22] 舉例來說，普羅諾佛斯特看了疾病管制中心那份冗長的學術討論，他很快就發現，必須要由心裡有想法的第一線外科人員來建立真正的檢查清單。此外，一開始就讓使用者參與，也可以減少未來可能的文化衝突。

由於檢查清單在航空業被使用的最久,也最可靠,因此葛文德花了一些時間訪問波音(Boeing)工程師丹尼爾‧布爾曼(Daniel Boorman)。波音是全世界最大的飛機製造商,布爾曼有非常多為機師製作檢查清單的經驗。[23] 布爾曼建議,檢查清單必須非常短。重要的原則是,當中項目必須控制在五項到九項之間,最好一頁可以寫完,當然實際長度仍要視狀況而定。此外,用語應該簡單、精確,並且是使用者本來就熟悉的。檢查清單要排除掉讓人分心的色彩與圖片,並且使用容易閱讀的字體。好的檢查清單也可以促進同事間的溝通。這些項目要能夠鼓勵成員,想辦法找出問題、預防問題,或解決問題。最後,使用清單的人應該要不斷測試、修正。檢查清單是有生命的,它會不斷的演化。[24]

布爾曼提到兩種檢查清單:「做—確認」(DO-CONFIRM)和「讀—做」(READ-DO)。按照 DO-CONFIRM 的檢查清單,機師會根據自己的記憶去完成工作,其間會不時暫停,確保所有事情都已完成,而且正確無誤。這樣的清單可能會提到,「機翼……調整完畢」和「簡報……完成」。這些檢查可以清單確保機師完全遵守正常程序。

READ-DO 清單通常是用來處理緊急狀況或異常情況。這時候,機師可能完全不熟悉眼前問題,因此 READ-DO 就像是操作指南。

READ-DO 的真正價值，就是它讓機師專注在明確的步驟，進而解決問題。例如，如果波音七四七的「Door FWD Cargo」警示燈亮起，這表示前側貨艙門開啟；這時候 READ-DO 檢查清單會告訴機師：「降低部分機艙壓力。將飛機降至安全高度或八千英尺，選擇孰高者。將空氣外排紐轉為手動，按押三十秒，釋放剩下的壓力。」READ-DO 檢查清單描述了高壓力情境下的正確步驟；在這種情況下，一般人很容易遺忘相關細節、導致犯下錯誤。[25]

彼得・普羅諾佛斯特的檢查清單在全球多家醫院推動，這時他發現，檢查清單要成功，必須具備三個基本要素。第一步就是清單必須實際、有用。第二，組織文化必須支持採用這樣的清單。當推動檢查清單時，一般人的反應往往是「我很清楚自己在做什麼，別來煩我。」但事實上，使用檢查清單並不需要大量的心力，就能改善績效。普羅諾佛斯特的單位，都是世界級的醫師。他們都有非常強的知識與技能。他們的錯誤往往源於自己的態度，其態度會導致他們忽視顯而易見的事物。仔細看普羅諾佛斯特的檢查清單，你會發現，他要求的東西，其實就是約瑟夫・李斯特（Joseph Lister）在 1800 年代的論點：消毒乾淨，就能消滅感染。

最後，就是要正確地蒐集與分析資料。普羅諾佛斯特協助把檢查清單推廣到紐澤西州的各家醫院。但這些醫院並沒有正確地蒐集與回報成果。所以,雖然該州宣稱這項計畫有一些斬獲,但普羅諾佛斯特不願意為這樣的資料背書。他表示,「我們團隊從過去經驗得知,可靠的資料蒐集,才能得出科學結論而非胡說八道,才能一窺真實而非單純想望。我們認為品質改善是一種科學,而科學實驗需要嚴謹、正確的資料。」精準的資料,才能得到高品質回饋[26]。

多數人不會花時間思索自己的錯誤。如果我們這麼做的話,我們可以建立各種檢查清單,避免未來再次犯錯。採用檢查清單展現了個人的謙卑,也承認可能犯錯。沒有人能夠天衣無縫地應付這個複雜的世界。我們平常使用的雜貨購物清單,就是在低風險環境下使用的檢查表。那為何不在面對高風險時也這麼做呢?

如果成功出於機率,那就專注在過程

刻意練習與檢查清單的妙處,就是因果關係清楚。因此,你明確知道自己是對還是錯。例如,當醫師按照檢查清單置入靜脈導管時,病人感染的比例便降至幾近於 0。但如果你的行為牽涉到運氣成分,因與果之間的關連就破裂了。短期而言,儘管你做的每一件事情都對,但結果可能是不好的。當然,就算你全都做錯,你可能成功。試想,你在賭場裡玩 21 點,你手上已經有 17 點。此時縮手,會有最高勝算。但如果你要求再發一張牌，而莊家給你一張 4，你就得到 21 點，贏錢。這就是壞決策依然可能得到好結果的例子。你做了一件蠢事，但運氣不錯。但多做幾次，你肯定會輸。

進一步來看 21 點的例子。假設現在我要評估你是不是個厲害的 21 點玩家。其中一個方法，就是給你 1 千美元，讓你玩一個晚上。最後，我會算你手上有多少錢，來判斷你的能力。但光是一個晚上的賺賠，恐怕大多是運氣使然。如果我持續追蹤數週、或數月，我才能了解你的實力。雖然 21 點含有個人能力的成分，但整個遊戲被運氣影響的比例太高，因此需要很長時間，才能看出能力究竟影響了多少輸贏。

另一個方法，就是拿錢給你，然後站在身後看你出牌。看看你的玩法是否符合正確策略。21 點的基本策略就是擬定何時應該要牌、何時應該停牌（例如，只要拿到 17 點就停牌；但如果你有 16 點、莊家的牌又比 7 大，你就再要一張牌。這樣的策略，可以確保你長期下來輸給莊家的錢會最少。如果我看到你用基本策略來玩牌，我有相當信心認為你可以對抗莊家優勢。換言之，在 21 點或其他需要運氣的活動中，你必須採取一個自己相信的流程，然後不要太在意每一次的結果。你唯一能贏的策略，就是堅持原則。你的能力沒辦法改變勝算；它只能確保你按照對的原則玩牌。

無論是管理球隊、經營事業或投資股票,過程往往包含三個部分:分析、心理層面,以及組織的影響。整個過程要能滿足這三者之一,都不是容易的事;如果全部都要滿足,則非常少見。我們接下來要討論這三個部分,並用投資當作例子。

理性分析

首先是分析的部分:找出一支你認為股價被低估的股票。價值是你心中認定其值的錢;價格則是當下買賣的錢。對一家公司來說,今天的價值,就等於未來現金流的現值。未來現金流的現值之概念,就是認定今天的一塊錢大於未來的一塊錢。今天你為這支股票付出的價格,代表著你在未來的某個時間點得要放棄賺這筆錢。簡言之,你的思考流程,就是要以低於未來現金流總估值的價格來買進股票。你的目標,就是回報要大於投入。

賽馬是很鮮活的比喻,你可以從中看出價值與價格。價值反映了馬的速度;價格則是彩桌上的籌碼。市場對股票的期望,會隱含在股票價格中;而賭桌上的籌碼,則直接反映這匹馬贏得比賽的機率。認真賭賽馬的人都知道,玩賽馬要贏錢的唯一方法,就是找出馬匹表現與賭注的不一致。沒有所謂的好馬或壞馬,只有價格正確或不正確的馬。這個原則適用於所有具備或然性的領域;不過重點還是一樣，你的目標就是要讓回報大於投入。[27]

　　開始分析時，你必須找出成功的真正原因，例如供給與需求、經濟利益，以及可長久維持的競爭優勢。市場就像一扇窗戶，可以讓人窺見這個世界。如果你發現一支股票應有的價格與市場價格不同，你就要建立一個理論，說明為何價值與價格間存在差異。是不是發生了什麼事，導致大家以較高或較低的價格來買賣股票？分析的優劣，取決於你如何解讀公司的基本面，以及公司的價格為何有誤。

　　你的理論也應該加入證券分析之父葛拉漢（Benjamin Graham）的「安全邊際」（Margin of Safety）。當你買入的股票，其價格明顯低於其價值時，你就有安全邊際。葛拉漢指出，安全邊際「要能承受誤判或運氣不佳造成的影響」。價格與價值的差異，就是安全邊際的大小。葛拉漢指出，隨著價格上升，安全邊際就會下降。[28] 也就是說，你要讓安全邊際越大越好。

　　找出價值與價格的差異，只是分析的一部分。接下來你要建立一個股票組合，來掌握各種機會。建立股票組合時，有兩種常見錯誤。第一種，就是你買的股票數量不符合機會的大小。理論上，你應該多押一些機會大的股票、少押一些機會不佳的股票。有些時候，你可以用數學公式來計算，應該在多大的把握下押多少籌碼。[29]對許多基金經理人來說，這在實務上會有困難，但概念上其實沒錯：好股票應該得到最多資金。很多人的股票組合中，其實各個股票的權重並不符合股票的機會展望。

另一種錯誤，就是超額下注。基金經理人如果發現自己的獲利空間變小，這時他可能會透過融資來增加回報。例如，假設你用100元買了一支你認為值110元的股票。如果股價確實達到110，你就賺了10%。如果你希望創造更大的回報，你可以用5%的利息，另外借100元。現在你買了200元的股票。如果這筆錢增加到220元，你等於賺到15%（你還清100元負債和5元的利息，剩下15元÷100元）。如果投資金額已經遠超過投資的機會，就會有超額下注的問題，最後可能導致失敗。

如果股價如預期，融資確實可以增加回報。但融資也可能導致買入過多，如果股價表現不佳，就變成一場災難。長期資本管理公司（Long-Term Capital Management）就是超額下注最佳案例[30]。他們透過融資，其回報曾高達40%。但因為各種複雜原因，1998年時，他們在短短不到四個月內輸掉46億美元。2000年時，這個基金已經消失。

2005 至 2007 年間,那些在美國用巨額房貸來買房子的人,也犯下同樣錯誤。隨著房價下跌,這些屋主欠的錢已經高於房屋的價值。完整的分析需要充分的研究,以正確評估價值與價格之差異;此外,你也要評估,究竟該買進多少股票。

心理層面

第二步,就是心理層面。這部分主要是處理康納曼與特沃斯基所談的偏見。偏見包含了過度自信(Overconfidence)、錨定效應(Anchoring)、確認偏見(Confirmation)、還有仰賴最近期的事物。康納曼與特沃斯基強調,這類偏見是自動產生的,因此非常難克服。[31]

舉例來說,一般人在進行預測時,都會過度重視近期發生的事情。在投資時,大家都會買所謂的績優股,或選擇那些手風正順的基金經理人。無論是專業經理人或一般人,都是如此。散戶投資人的回報往往只有市場的 50% 到 75%,因為他們經常錯過最佳時機。

康納曼與特沃斯基也提出了所謂「前景理論」(Prospect Theory)的概念,解釋當人在不確定結果好壞時會如何做決定。前景理論凸顯出古典經濟學理論無法解釋的行為。[32] 個人薪酬就是很好的例子。

理想上，你在考慮新工作的薪酬時，你應該跟過去自己的薪水比，而不是與其他員工的薪水比。但是，肯定很少人會這麼做。在一份研究中，研究人員問，以下哪一位員工比較快樂？在平均起薪為4萬美元的公司裡，自己的薪水是3萬6千美元；或是在平均起薪為3萬美元的公司裡，自己賺3萬4千美元。有八成受試者表示，賺3萬4千美元的員工會比較快樂。[33]

在投資活動中，你的比較基準點，就是你為一支股票付出的價格。例如，如果你在30元價位買進一檔股票，你的心中其實就有了一個帳戶。如果股票價格上漲到30元以上，你就有獲利；如果跌到30元以下，就出現損失。一般人不會把這檔股票放到整個投資組合裡來看，而是會看這檔股票與其比較基準點的差異。

規避損失（Loss Aversion）是另一個前景理論的重點。我們在面對損失時所承受的痛苦，會大於面對同樣金額獲利所帶來的快樂，而且程度大約是兩倍。投資人的心理往往結合了「比較基準點」和「規避損失」的想法，因此會抱著虧損股票、賣掉賺錢公司，因為承受損失是非常痛苦的。[34]

由於好決定不一定會有好結果，因此並不是每個人都能有好的態度，來面對帶有運氣成分的事情。但塞斯‧克拉曼（Seth

Klarman）就有正確態度。他是避險基金公司 Baupost Group 的創辦人和總裁，這個公司非常成功。克拉曼曾說過一句很棒的話，「價值投資的核心，就是要結合連串的逆勢操作和一台計算機。」[35] 他的意思是，你必須跟一般人不同，並且專注在價格與價值的差異。在投資以外的世界，這個道理同樣適用。

當多數人都相信同一件事時，價格與價值的差異就會擴大。1990年代末期的網路榮景就是一例，而 2009 年春天的悲觀氣氛也造就了市場低點。克拉曼這具名言的前半段，就是在強調，你必須要敢於逆勢而行。多數人都明白，從眾比孤獨更容易。但如果你做的一切都和別人一樣，你也很難走出不一樣的路。

有能力的投資人，都應該記得葛拉漢的建議：「要勇敢相信自己的知識與經驗。如果你根據事實而導出結論，而且你知道自己的判斷正確，就算他人有所質疑，你還是要相信自己。」[36] 不過，克拉曼有一點說的很對：逆勢操作不一定會成功，因為有時候多數人的共識是對的。重點是，當你有機會找到價值與價格的差異時，你應該要逆勢而為；而計算機，可以讓你確定安全邊際究竟有多大。

外在限制

第三個部分,就是外在的組織限制和制度限制。其中,最重要的任務,就是要管理「代理成本」(Agency Cost),也就是基金經理人(代理人)的利益可能與投資人(委託人)不一致。[37] 例如,共同基金經理人的薪水可能是以他們管理的資產規模為基礎,所以他們重視的可能是想辦法增加資產規模,而不是創造超額報酬。舉例來說,他們可能會大力行銷近期表現出色的產品、在熱門地區推出新產品、然後讓自己的投資組合看起來與他們的標竿非常類似。

格林威治聯營公司(Greenwich Associates)創辦人查爾斯・艾利斯(Charles Ellis)曾試著區分投資作為一門專業、或是一門生意,他就提到了這一點。[38] 作為一門專業,你的目標就是要管理好自己的投資組合,以創造最大的長期回報;如果是作為一門生意,投資公司的目的就是要創造利潤。一般來說,要有活躍的生意,才能支撐專業。但如果經理人過分重視商業而犧牲了專業,他們就忽略了基金投資人的利益。事實上,經理人應該要專心尋找被低估的股票,建立合理、平衡的投資組合。你必須要逆勢而為,而且要敢於與眾不同。

知名經濟學家暨投資專家凱因斯(John Maynard Keynes)曾在

1936年出版了《就業、利息和貨幣通論》(*The General Theory of Employment, Interest, and Money*)。他討論到長期投資人的做法:「他的行為本質,在一般人眼中,應該是古怪、非傳統、魯莽。如果他成功了,這只會讓大家更相信他是魯莽的;如果短期內不成功(而且這是非常有可能的),他將得不到任何同情。世俗智慧教導我們,遵循傳統而失敗所獲得的名聲,往往要好過於因採取非傳統手段而獲得成功的名聲。」[39]

凱因斯提到,因為太背離傳統而被開除,這樣的風險也是很重要的。因此如果一份職業中,個人能力牽涉到建立與遵守流程,這時候專業人員為了成功,會努力想要與眾不同,但又不能完全違背傳統。原因是,這些決策者的評價,往往是因為短期表現而定。如果一個人按照傳統做事卻面臨失敗,他可以主張自己的決定是按照標準流程,儘管這個流程看起來十分平庸;因此結果自然無可避免。如果一個人做了正確、卻違反傳統的決定,若最後結局不佳,他必定遭致批評,甚至面臨被開除的風險。

投資也一樣,從眾的趨勢非常明顯。舉例來說,現在的投資組合與比較基準的相似程度,遠比三十年前高的多。主動投資比率是用來衡量一檔共同基金的投資組合中,究竟有多少比例是與比較基準不同;在美國,這個數字已經從1980年的75%下降到2010年的

60％。就算傳統並非全然正面,但體育賽事的主事者和商業界領導人都不敢太過偏離傳統。[40]

個人能力的三個步驟充滿許多困難,會導致你無法得到好表現。有些組織可以成功做到一到兩項,但很少可以三者兼具。回到我們前面分析投資活動的能力與運氣:不同人有不同能力,但只有少數投資人可以克服理性分析、心理層面和外在限制的難關。在運動和商業領域,也是一樣道理。

讓技藝符合環境

一個人能否強化自己的能力,其實要看這件事落在「運氣—個人能力」光譜上的位置。如果一件事情有清楚的因果關係,而且情況很穩定、屬於線性事件,那麼刻意練習是你進步的唯一途徑。專家是真實存在的;你可以藉由訓練自己的「系統一」來建立直覺,讓自己可以順暢、自動地做決策。如果你想要正確、穩定的完成某些工作,這時檢查清單可以派上用場(DO—CONFIRM)。出現不尋常事件時,檢查清單也有助於決策(READ-DO)。在光譜上接近能力的一端,只要你努力強化自己的能力,你的表現會產生穩定的回饋和進步。

如果一件事摻雜了運氣，那麼你的短期表現並不代表你的能力，因為你可能每件事都做對卻仍失敗、也可能全部做錯卻還成功。在光譜上接近運氣的一端，唯有確保過程是好的，才能確保你長期可以獲得成功。

無論在光譜上的什麼位置，正確的回饋都是很重要的。強化個人能力，意味著你要持續想辦法改變自己的行為；可能是因為你目前做的不對、或是還有其他更好的方法。不管你是一個要罰球的籃球員、要動手術的外科醫師、要發動併購的高階主管、或是要買股票的投資人，其實都一樣。無論你的職業為何、專業能力有多高，只要有正確的回饋，你就很有機會提升自己的表現。

09
布局運氣

西班牙從 1763 年開始有全國性的樂透。最讓人夢寐以求的大獎，會在每年的聖誕節前開出。首獎叫做 El Gordo，也就是所謂的「大肥彩」，在 2011 年高達 400 萬歐元。這個大樂透也創造了許多迷信的神話。1970 年代中期，一位男士積極尋找最末兩位數為 4 和 8 的彩券。他找到了一張、買下來，然後贏得頭彩。這位男士被問到，為什麼堅持要找這個號碼？他說，「我連續七天晚上夢到了 7 這個數字。而 7 乘以 7 等於 48。」[1]

本章要討論如何布局運氣。第一個方法是，如果你是落水狗，這時你要想辦法降低對手的實力優勢；如果你處於贏面，你必須強化你的優勢。第二種方法，就是更緊密地結合因果關係，以降低運氣的影響。最後，你必須明白自己所知的極限。你的策略就是要定義自己的局限，然後處理那些機會非常微小、但結果卻非常顯著的事情。

上校告訴我們如何布局運氣

大衛與哥利亞的聖經故事，或許是最著名的強弱之爭了。非利士人（Philistines）和以色列人（Israelites）在以拉谷（Valley of Elah）形成了對峙戰線，雙方各自盤據於山頭。身高超過六尺半的非利士人哥利亞，頭戴銅盔、身穿鎧甲，還拿著巨大的長矛。哥利亞光是盔甲就超過了一百二十五英磅。他大膽地向以色列人提議：隨便派出一個人來與我決鬥，輸的人，其軍隊就是贏家的奴隸。這個挑戰，簡直把以色列人嚇壞了。

大衛是一位年輕的牧羊人，他是家中八個兒子的老么，其中有三個兄弟都在以色列軍隊鎮中。大衛聽到了哥利亞的挑戰，於是他提問，殺掉哥利亞的人能得到什麼好處。當他得知，殺掉哥利亞的人可以得到大量財富、還可以娶國王的女兒，他心想，這是個很不錯的交易。大衛認為，他曾經殺過那些想要傷害羊群的猛獅和餓熊,因此要對付哥利亞,應該不是難事。

以色列軍隊領袖索羅王(Saul)給了大衛一個頭盔、一整套盔甲和一把劍。他們希望大衛用巨人的方式,來迎戰哥利亞。但年紀輕輕、力量較弱的大衛卻不想這樣。他把這些裝備丟到一邊,拿著自己的牧羊人手杖、五顆溪裡撿來的平滑石頭和一把彈弓,走進競技場。兩人面對面,互相放話。接下來,大衛做了一件沒人預料到的事。他拉滿自己的彈弓,向哥利亞射出一塊石頭,正中他的額頭中心。哥利亞隨即倒地身亡。[2]

這個故事的重點是,大衛並沒有如哥利亞所預期的和他進行徒手搏鬥。在大衛看來,靠近巨人簡直與自殺無異。所以他改變了自己的策略。大衛的成功與哥利亞的失敗,其實可以帶給我們許多啟發。關鍵是,面對這種一對一的競爭,你可以遵守兩個簡單的法則:如果你占上風,這時你就要想辦法讓事情單純化。反之,如果你是落水狗,你就要設法讓事情變得複雜。如果大衛要和哥利亞硬碰硬,他的勝算微乎其微。但藉由不同的競爭方式,他成功扭轉了情勢,讓自己轉為上風。

上校賽局

上校賽局（Colonel Blotto game）可以清楚說明這個法則。[3] 在這個賽局中，兩位玩家可以在數個戰場上自行部署士兵。如果你在某個戰場上部署了十二名士兵、而我只有放十一名，那就是你贏。士兵數多的玩家贏得戰役，而贏下最多戰役的玩家，就是勝利者。最簡單的玩法，就是 A 和 B 兩個玩家，他們要在三個戰場上部署一百位士兵。兩位玩家的目標，就是要擬定策略，以安排最有利於自己的對決。（圖表 9-1）。

上校賽局是個零合遊戲：一人輸，另一人就贏。只要你沒有採取錯誤策略，例如把所有士兵都部署在其中一個戰場，那麼這個遊戲就像剪刀石頭布一樣。最後，我們會發現，我們根本找不到所謂的最佳策略。

不過，一旦增加戰場與士兵的數目，這個遊戲就開始變得有趣。例如，你可以設定，其中一方的士兵數量高於另一方，藉此產生占上風者與落水狗。你也可以設計十個戰場。事實上，在多數零合的策略互動中，資源其實很少平等分配，而且戰場也往往不只一個。[4]

我們先來看，如果雙方士兵數目布一樣，會發生什麼狀況。如

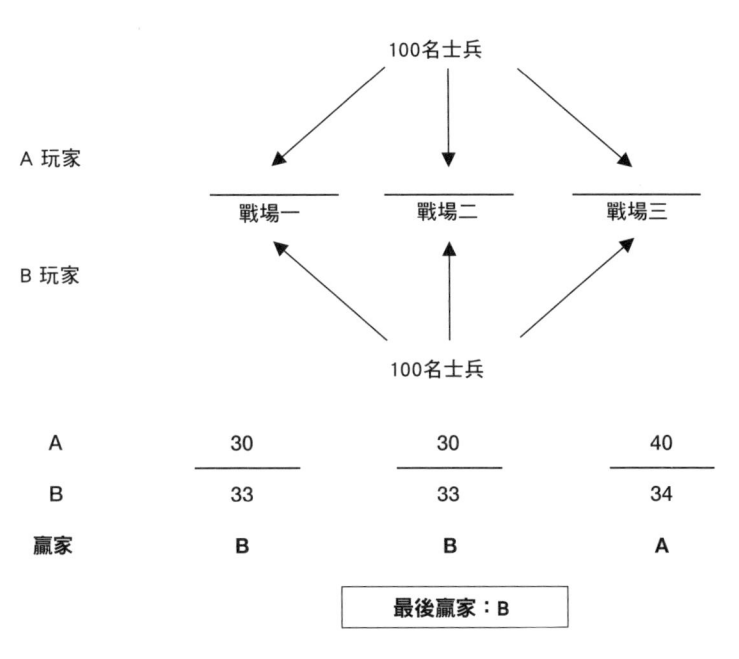

圖表 9-1　上校賽局的簡單案例

```
                        100名士兵
                     ↙      ↓      ↘
A 玩家
            ┌─────┐  ┌─────┐  ┌─────┐
            │戰場一│  │戰場二│  │戰場三│
            └─────┘  └─────┘  └─────┘
B 玩家        ↖      ↑      ↗
                        100名士兵
```

A	30	30	40
B	33	33	34
贏家	**B**	**B**	**A**

最後贏家：B

來源：作者個人分析

果賽局裡只有三個戰場，那麼士兵數高出 25％的一方，其勝率會達到六成。如果一方的士兵數是另一方的兩倍，那麼他就可以在 78％的戰場對決中獲勝。雖然運氣有其影響，但只要擁有的士兵數多，就掌握關鍵優勢。這就是前述法則一所談的內容。如果你是占上風的一方，你應該簡化比賽，直接硬碰硬即可。士兵數越多，你的勝算就越大。

243

如果雙方勢均力敵，這時就算增加戰場數，也不會改變兩邊贏的次數。但是，如果其中一方的士兵數高過另一方，此時強者的優勢會隨著戰場數增加而減弱。舉例來說，在十五個戰場的遊戲中，弱勢一方勝出的機會，是他們在九個戰場遊戲中的三倍。

　　這裡的策略意涵是很清楚的。在遊戲開始前，弱勢一方應該要想辦法增加戰場數。這會迫使強勢方分散他們的軍力，如此一來弱勢方就可以提高勝出的機率，靠運氣翻轉局面。只要弱勢方在某個戰場部署的士兵數剛好大過強勢方，他就可以提升自己的戰績。別忘了，比賽分數是由雙方贏下的戰役數目而定，而不是看自己贏了多少士兵。因此，第二個法則就是：如果你是較弱的一方，你應該增加戰場數、或增加新的競爭點，使比賽變得更複雜。[5]

增加戰場的數目

　　運動就是很好的例子。ESPN分析員喬伊諾（KC Joyner）把美式足球教練分為兩類，其中一類負責延攬最佳球員，另一類則是專門研擬贏球策略。負責延攬球員的教練，他們要讓比賽單純化，希望靠球員的力量與實力壓過對手。另一批教練則不必管找球員的事，他們的負責項目是要找出創新作戰計畫，以計策勝過對手。[6]

麥可・利奇（Mike Leach）過去在德州理工大學擔任美式足球教練長達十年，一直到 2009 年才結束執教生涯；他就是第二類型的教練。在他生涯後期，雖然德州理工大學身處強敵環伺的聯盟，但他仍贏下超過七成的比賽。這支球隊的成功非常難能可貴，因為在職業球探眼中，該隊幾乎沒有幾位頂級球員。

利奇帶領這支實力不算強的球隊，在面對強力隊伍時，他就想辦法讓比賽變得複雜。他設計了非常多跑位模式，讓對手難以捉摸。他的各種新的對陣模式，會改變比賽的雙方布陣，迫使對手改變自己的防守策略。例如，防守線鋒經常被迫要後退，去掩護接球員。利奇解釋，「防守線鋒並不擅長掩護接球員。他們通常並不會大量跑動掩護。所以，當他們真的這麼做時，你的對手陣營中，就有一票人在做他們不擅長的事。」利奇增加了比賽的戰場數，藉此減弱強隊的優勢。[7]

上校賽局也可以應用於商業領域。哈佛商學院教授克里斯汀生（Clayton M. Christensen）提出的破壞式創新理論，就是一個例子。克里斯汀生的研究問題是，為什麼許多卓越公司，明明擁有聰明的管理層與豐富資源，但卻敗給一些簡單、便宜、甚至比較弱的產品。他稱這些後起之秀為「破壞者」[8]，並區分了「維持性創新」（Sustaining Innovation）和「破壞式創新」（Disruptive Innovation）。

維持性創新是要持續改善一個既有的產品。這些進步可能非常重要，不過重點是，他們是建立在現有的商業模式上。例如，從家族經營的小書店，晉升成為擁有上萬冊書籍與咖啡店的超級書店。超級書店的規模變大了，但還是建立在同樣的商業模式上。

維持性創新就像在同樣的一組戰場裡放上更多士兵。克里斯汀生的研究發現，如果一家新創公司希望推出與領導廠商一樣的產品來加入戰局，通常會遭致失敗。多年前，相機軟片業者柯達（Kodak）曾試圖進軍電池行業。雖然他們在軟片市場占有絕對優勢，而且與零售商有緊密關係，但他們卻沒有從電池事業賺到一毛錢。在美國市場占有領先優勢的金頂電池（Duracell）和勁量電池（Energizer）馬上反擊，利用大量資源固守自己的領土。這一切，彷彿就像大衛決定與哥利亞進行正面徒手決鬥。（編注：柯達於2022年捲土重來，投入生產電動車使用電池的材料。）

破壞者則是用完全不同的商業模式來進攻市場，藉此獲得成功。破壞者可能推出一個瞄準低階市場的產品，這些東西對大傢伙來說可能根本無法獲利，他們的客戶也不需要。例如日本汽車公司豐田（Toyota）和本田（Honda）在1970年帶推出小型、便宜的車款，進軍汽車市場。當時，汽車行業的巨頭笑了出來。這根本稱不上威脅。領先業者專注在高階市場、賺取高額利潤就好，他們根本不在乎低階市場。他們沒注意到，破壞者慢慢改進自己的產品，開始偷偷往中高階市場轉移。如果成功的話，最後他們就會用較低的成本，搶走大型業者的客戶。例如，豐田旗下凌志汽車（Lexus）的崛起，可能侵蝕到凱迪拉克（Cadillac）的市場。

克里斯汀森很喜歡的例子，就是鋼鐵業。他提到，小型電爐鋼廠（Mini Mills）專門鎔鑄廢料，所以對於使用大型熔爐的一貫作業鋼廠（Integrated Mills）而言，前者的規模非常小。由於一貫作業鋼廠控制了完整流程，所以他們初期便具備顯著優勢，可以生產高品質鋼鐵。小型電爐鋼廠在1970年代開始推出比較簡單、也比較便宜的產品。一開始，因為他們的品質較差，所以只能用來當作加強混凝土強度的鋼筋。在鋼鐵產業中，這是最廉價、也是最沒價值的市場。一貫作業鋼廠把這些低利潤的鋼筋市場留給了小型電爐鋼廠，而事實上，他們也藉此改善了自己的獲利。但這都只是暫時的。之後，小型電爐鋼廠不斷提升自己的能力，推出更好的鋼材，讓他們往上轉移，進軍高附加價值的市場。一段時間後，許多小性電爐鋼廠紛紛切入高階市場，他們成功顛覆了大型鋼廠，也摧毀了他們的利潤。[9]

在鋼鐵這個案例中，大家的產品都一樣，不過生產流程與商業模式卻不同。另一方面，破壞者也可以推出全新產品，接觸到過去沒有被注意到的客層。克里斯汀森的理論認為，既有公司往往會忽視這類新產品，因為新的商業模式與他們過去習慣的事物差距太大。個人電腦（PC）的歷史，就是一個很好的研究案例。1970年代中期以前，電腦還是非常大的機器，只有少數受過訓練的人才知道如何操作。不過，到了1970年代末、1980年代初，蘋果（Apple）、雅達利（Atari）、Commodore和IBM等公司推出了個人電腦。當時，迷你電腦算是接在IBM大型主機後面出現。這些中型電腦主要是給教育機構和中型企業使用。他們的立足點絕佳，也有非常好的人才與知識，成功進軍電腦市場。

不過，也有許多領先的迷你電腦製造商卻一事無成。Data General、迪吉多公司（Digital Equipment Corporation）和王安電腦（Wang）完全看錯市場。他們要不是沒有推出自己的產品；要不就是推出了太過複雜的產品，無法滿足消費者需求。基本上，他們等於把整個市場讓給了新進業者。隨著個人電腦持續進步，最終迷你電腦根本無法生存。Data General、迪吉多公司和王安電腦都面臨併購或破產命運；而迷你電腦的實用功能，也都被個人電腦取代。

不論破壞者的策略是要瞄準低階市場、或瞄準全新產品，這些原本處於優勢的既有公司，在面對實力較弱的挑戰者時，經常無法競爭。在這些新闢戰場中，他們束手無策，只能讓破壞者不斷累積自己的資源。由於產品會隨著時間進步，最終破壞者會用更好的商業模式賺到足夠的錢，進而擊敗既有業者。[10]

　　破壞式創新理論的優點之一，在於能夠提出預測。在麥可‧雷諾（Michael Raynor）的《創新者宣言》（*The Innovator's Manifesto*）書中，他提到了一位年輕律師湯瑪斯‧瑟斯頓（Thomas Thurston）的破壞式創新故事。瑟斯頓擁有一個難得的機會，可以檢視英特爾（Intel）新事業部門在 1998 至 2007 年之間的四十八份企畫書。他不知道這些新事業後來的進展為何，但他就純粹用破壞式創新理論來預測各個新事業的成敗。

　　瑟斯頓建立了一個簡單的決策樹狀圖。如果這項創新是維持性的，而且是由既有業者推動，那就會成功；如果是維持性創新、卻是由新公司發起，那就會失敗。另外，如果一項破壞式創新是在公司的既有結構裡推動、而不是交給另一個獨立單位，他也預測會失敗。唯有自主運作的破壞式創新，才能真正實現。他比對了自己的預測，以及真實狀況，最後發現，他在四十八項計畫中，準確命中了四十五項，準確率高達 94％。聽起來非常驚人，不過只要想，由於只有一成的新創事業能夠成功，所以你只要預測每個新創事業都失敗，你就有九成的命中率了。無論如何，雷諾使用統計檢定仔細分析了瑟斯頓的預測，他發現瑟斯頓並非只是運氣好而已。[11]

強國與弱國

破壞式創新理論,其實可以也符合上校賽局的精神。上校賽局的另一個應用領域,就是看強國與弱國之間的戰爭。上校賽局可以說明商業活動與戰爭,另外還有許多相關研究,也用破壞式創新理論來分析戰爭。[12]

波士頓大學國際關係教授伊凡・阿雷奎恩・托夫特(Ivan Arreguín Toft)在他的著作《弱者如何贏得戰爭》(How the Weak Win Wars)中,他分析了1800到2003年間兩百場實力相差懸殊的戰爭。他把這些戰爭稱做「非對稱性衝突」(Asymmetric Conflicts)。只要一方的資源、軍力與士兵人數超過另一方十倍以上,就屬於他定義為非對稱性戰爭。讓人訝異的是,只有72%的戰爭是由強國勝出。由於他的分析只涵蓋了雙方資源相差懸殊的戰爭,因此弱者的勝利,更是難能可貴。

此外,阿雷奎恩・托夫特發現,過去兩個世紀以來,弱國勝利的比率正持續上升。例如,在1800至1849年間,弱國只贏了12%的戰事,但到了1950至1999年間,該比率竟上升到50%。另外,在1800至1999年間,以每五十年來做一個劃分,同樣可發現弱國的勝率持續上升。

阿雷奎恩・托夫特一一檢視、並排除了各種可能的解釋，最後他歸納出兩種不同的策略。如果強國與弱國正面交鋒，弱方大概會輸掉八成的戰事，因為「他們無法緩衝、或降低強者的力量優勢。」如果弱國採取不同策略、增加戰場的數量，他們失敗的機率會降到四成以下，「因為弱者不願意與強者的優勢硬碰硬。」[13] 近年來弱國勝利的次數變多，主要因為他們會觀察、模仿其他人的做法，而他們也了解到，避開強國的優勢、不按牌理出牌，才能增加勝出機率。[14]

在非對稱戰爭中，有八成的輸家是從來不改變策略的。部分原因是，當他們針對一種策略完成相應的訓練、並準備好裝備後，要改變策略往往需要付出大量成本。領導者與組織傳統，也導致他們無法採用新策略。這種「慣性」，往往造成組織無法執行那些可能帶來逆轉勝的新策略。

上校賽局的兩大原則，想起來其實很合理，但卻經常被大家忽略。你沒辦法真正改變自己的運氣，所以你的目標是重新布局，調整個人能力的重要性，如果你是強的一方，你應該直接硬碰硬；但如果你是弱的一方，自然就要極力避免。我們永遠不會知道，如果大衛不用石頭和彈弓、而是用劍和盔甲與哥利亞決鬥，他究竟要怎麼做。但上校賽局的經驗告訴我們，哥利亞的實力，應該可以輕鬆打敗大衛。

用少少籌碼找出因果關係

先前在為我的前一本書命名時,我和編輯有不同的看法。我根據同事的建議,覺得 Think Twice(三思而後行)不錯,因為這是個主動的概念、押頭韻、也精準表達了書的內容。但我的編輯的反應冷淡,因為在幾個月之前,出版社已經發行一本叫做《再思考》(*Think Again*)的書,他們希望不要造成混淆。編輯連提了幾個書名,我都不喜歡。我問她,這些書名清單是怎麼來的?她向我坦承,她自己想了幾個有趣的書名、然後問辦公室裡的同事喜歡哪些,最後進行排名。這是很合理的做法。但這個流程其實很隨性,也沒有真正認真思考什麼才是最好的書名。

要想出一個令人眼睛一亮的書名,目的就是要讓讀者掏錢買書。如果一位潛在買家喜歡一本書的書名,他就比較可能打開這本書、翻一翻,這會提高他購買的機率。我們在關於運氣的討論中提到,書的銷售牽涉到太多書名以外的因素。無論如何,如果其他條件都一樣的話,好書名終究還是勝過爛書名。

所以我打算自己處理這件事,然後辦了一場比賽。我用了亞馬遜(Amazon)的 Mechanical Turk 服務。這個網站讓你可以邀請別人來完成一項「人類智慧任務」,通常就是一個需要大家來解答的問題,然後你可以進行小額付款。我向編輯要了他最喜歡的七個書名,另外加上「Think Twice」這個選項,把這些順序打亂,然後付 0.1 美元給每位參與者,要他們「選出最好的書名」。最後,「Think Twice」這個書名脫穎而出(不然我也不會說這個故事)。來自世界各地的上百人參與投票,最後這項計畫不過花了幾百美元。

這個故事的重點是,我們其實可以用更好的方法找出因果關係。[15] 基本原則很簡單。假設你想知道一個廣告是否有效。你讓一群人看這則廣告,當作實驗組;另一群統計上相近的人不看這則廣告,當作控制組。比較這兩群人接下來的購買行為。如果實驗組購買的產品量明顯高於控制組,你就有理由相信,這則廣告確實產生了效果。你可以做一個小規模實驗,這樣失敗的話,代價也不會太昂貴;當你證實了廣告確實有助於產品銷售,這時再加碼也不遲。[16]

雅虎(Yahoo!)研究部門的科學家藍道爾・路易斯(Randall Lewis)和大衛・萊里(David Reiley)曾在雅虎網站上針對美國大型零售商作實驗。兩位研究人員建立了一個一百六十萬人的研究樣本,其中一百三十萬人為實驗組、另外三十萬人為控制組。他們讓實驗組有機會接觸雅虎2007年秋天的兩支廣告,當中多數人都看了廣告。接下來他們追蹤這些人買的東西,以測量廣告效果。

路易斯和萊里發現,接觸到廣告的人所買的東西,大約比控制組高出5%;研究人員估計,該廣告所創造的額外營收,大約是廣告成本的七倍。他們還發現,看過廣告的人會更頻繁地購物、也會花比較多錢。所以廣告看起來是有效的。但有趣的是,廣告業經常做的事情,就是下廣告、然後看營業額的變化。如果研究人員這麼做的話,他們經常得出「廣告無效」的結論,因為在他們研究期間,整體業績可能剛好下滑。路易斯和萊里仔細找出廣告的單獨影響,因此可以得出明確結論:實驗組的人接觸到廣告,所以會比沒接觸廣告者花更多錢。[17]

鄧肯・瓦茨(Duncan Watts)在他的著作《顯而易見》(Everything is Obvious)中提到,人會改變自己的思考模式。傳統廣告業要求要「預測和控制」(Predict and Control),也就是試著預測人們對廣告或產品的反應。相反的,瓦茨認為,我們應該要「測量和做出反應」(Measure and React);也就是說,我們要小心控制實驗,然後根據實驗結果來行動。他主張,廣告應該是一個持續學習的過程,而公司應該隨時利用控制組來找出因果關係。當今科技已經可以促成此事,也有越來越多公司採納這些方法。然而,許多領域依舊維持老舊的做法。[18]

甚至有些政治活動也開始採用控制實驗。大衛·卡爾尼（David Carney）是早期開始注意到政治活動實驗的策略家之一。他在1992年協助老布希總統（George H. W. Bush）競選連任，當時他花了少許經費，完成一項郵寄宣傳的實驗。最後實驗證實有效。雖然最後該黨不讓他花更多錢，但他了解到，他可以改進原本的舊方法，並以更科學的方式打選戰。[19]

十四年後，卡爾尼加入裴利（Rick Perry）陣營協助其競選德州州長，他採用前所未見的方法，找來四位政治科學家，要進行選戰活動的隨機性實驗。這些科學家測試了各種不同宣傳方法，包括郵寄、電話、電視廣告、候選人造勢等，他們採用科學實驗的黃金準則：隨機測驗。他們比較城市的人口組成和社經背景，然後隨機安排電視廣告。所以，他們也許會在阿馬里洛（Amarillo）放廣告，阿比林（Abilene）卻沒有。然後他們會發放問卷，了解廣告的影響為何。

他們發現，廣告確實有助於提升候選人的支持度。廣告接觸到觀眾的量，通常是由收視點（Gross Rating Point; GRP）來衡量，一個收視點就等於所有收視人口的1%。他們發現，如果一個市場的收視點達到一千,也就是當地人口平均每人看過十次廣告(這是他們下最多廣告的地方),則裴利的支持度會增加將近5%。這群科學家還測試了廣播廣告,但效果就沒那麼好。

這份研究最引人注意的地方,就是他們發現廣告的效果會快速消退。播放廣告的第一個星期,其效果非常強,而且達到統計顯著。但一星期後,其效果就變弱,統計上也不再顯著。科學家認為,這種短期內支持度快速增加的結果,可能是因為所謂的促發效果(Priming Effect),也就是廣告成為一種刺激因子,促成受訪者對問卷做出正面回應。透過這些實驗,科學家就可以啟動「測量與反應」的過程,而不是沿用過去政治領域常見的「預測與控制」。[20]

隨機性與運氣,都是因為資訊不足、無法找出因果關係而產生的結果。控制實驗是一個又快又有效的方法,讓我們可以進一步了解因果關係。再次強調:當你在評估一件事的結果時,你應該反問,你是否已經考量在虛無模型(Null Model)下可能的結果,也就是用最簡單的模型來進行解釋。例如,我在哥倫比亞商學院教證券分析。每年的第一次上課,我都要求學生做一個練習。我會丟四次銅板,然後讓大家猜是正面或反面。每年都會有少數學生完全猜中四次的結果。我繼續丟銅板,然後要他們猜。在最近一次實驗中,有個學生連續命中六次。從中我們可能得出的結論之一,就是這位學生非常擅長猜銅板。但虛無模型指出，這只是出於機率，也是隨機系統下出現的狀況。隨機性的測試，會比觀察研究產出更可靠的結果。

如何面對我們不了解的世界

我們在第 1 章談到了塔雷伯的方法，他告訴我們統計分析在什麼地方可以派上用場。他建立了一個 2×2 的矩陣，縱軸是區分事件會有兩極結果、或是結果變異很小；橫軸則是區分單純回報與複雜回報。他指出，統計可以用於第一區（單純回報和結果變異小）、第二區（複雜回報和結果變異小），以及第三區（單純回報和結果變異大）。但統計在第四區（複雜回報和結果變異大）卻無用武之地。我們在前面三區裡頭，可以用一些方法解開個人能力與運氣的複雜關係；但面對第四區的黑天鵝區、也就是那些機率微小、卻有重大影響力的事件，我們的任務就變得非常棘手。

好消息是，多數我們在意的事情都落在前三區，我們也有一些方法面對第四區的事件。塔雷伯對前三區其實沒有太大興趣，畢竟這些問題相對容易處理。例如，運動似乎就無法吸引他的興趣。在他的著作《黑天鵝語錄》(*The Bed of Procrustes*) 中，塔雷伯寫道，

257

「運動賽事是高度商業化的,而且,唉呀,當中根本充斥著隨機性。」[21] 我不確定他的意思究竟為何,但我相信塔雷伯平常休閒時肯定不喜歡看球賽。

我要說的重點是,就算是前三區的事件,但多數人仍不知道該如何拆解個人能力與運氣。但我們還是要承認自己方法的不足,塔雷伯的研究已經充分說明這一點。我們就來看看第四區事件的本質,試著了解為什麼我們總是被矇騙、並提出應對的方法。

第四區就是黑天鵝的世界。塔雷伯認為,面對第四區的事件,沒有理論或模型其實還比擁有理論或模型好,因為我們犯的錯誤往往非常巨大、也會造成不好結果。實務上,我們會試著用預測和模型來管理這個不受控制、且難以理解的世界。[22] 在塔雷伯與馬克・布萊斯(Mark Blyth)共同完成的論文中,塔雷伯提到,政治領袖和經濟政策制訂者想要透過抑制波動來穩定經濟體系,但實際上導致整個體系變得更脆弱、在面對極端事件時反而更不堪一擊。[23]

這樣的脆弱性,可以讓我們了解為什麼人們這麼容易被第四區的經濟、社會與政治事件所蒙蔽。我們來看2007至2009年以前美國眾多銀行的獲利狀況。圖表顯示,銀行獲利呈現穩定、持續的成長。但突如其來的金融海嘯,導致巨額虧損,等於前面多年的獲利在一夕之間消失。例如，花旗銀行（Citigroup）在2008年的損失，超過他們前七年獲利的四分之一。圖表9-2顯示出這樣的模式：連續的小額獲利，可能因為一次重大損失全部吐回。正面回報總是讓領導者心裡覺得愉快，他們也會用過去的成功來推斷未來的成功。但是，正如塔雷伯所說，第四區的事件要展現威力，可能需要很長的時間。

　　道德風險（Moral Hazard）的概念，指的是一個人或組織代表他人行動，但卻不必承擔負面結果。大型衍生性金融商品仲介商全球曼式金融（MF Global），就是一個例子。2010至2011年間，公司董事長暨執行長喬恩‧柯賽（Jon Corzine）主導投資歐洲主權債，其金額超過60億美元。交易的基本想法很簡單：用低利率借錢、買進殖利率高的主權債、中間價差就是獲利。但該交易的基礎，在於公司要能持續掌握資金。但是在2011年秋天，外界開始擔憂歐洲的財政狀況，導致借款人非常緊張，他們不願意繼續用相同條件與全球曼式金融做生意，導致公司宣告破產。此外，在檢查相關帳冊後，執法人員發現，有16億美元屬於客戶的資金消失了。如果這次重押債券的結果是正面的話，得利最多的當屬柯賽，這位高盛證券（Goldman Sachs）的前執行長。此案爆發後，雖然柯賽聲望受損、且可能要面對一連串的法律調查，但他依然非常富有。[24]

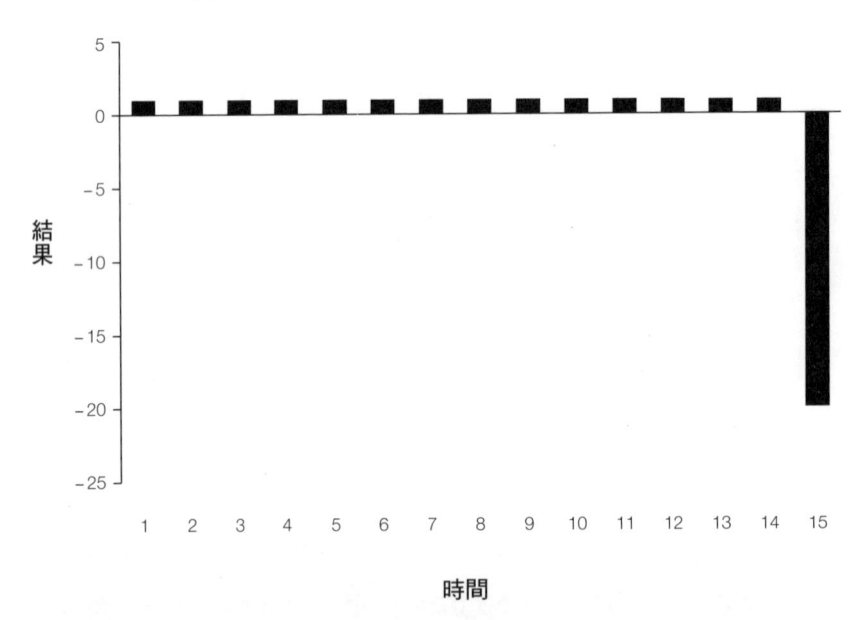

圖表 9-2　第四區事件的蠅頭小利與巨大損失

來源：根據 Nassim Nicholas Taleb, "Antifragility, Robustness, and Fragility inside the 'Black Swan'," SSRN Working Paper, February 2011.

　　面對第四區的事件，塔雷伯建議，我們心裡應該不要想著最優化行動、應該要允許無效率的冗餘行為。在穩定系統裡，你可以讓行為最優化，以達到特定目標。例如，游泳手勢經過改進和修正後，可以讓游泳選手的速度達到最快。這麼做之所以有效，是因為游泳選手與水的基本關係是長期穩定的。但如果在變動的系統想要進行優化，便可能遭致失敗。如果你是屬於寒冷氣候的動物，若氣候變的太熱，你可能面臨死亡。

優化在某些系統中確實可以發揮作用，因此一般人處於相對穩定的第四區時，大家也會想要如法炮製。例如，若你要建立一個投資組合，優化就表示你要在某種程度的風險下追求最高回報。你可能會決定用融資來賺更多錢。但如果市場崩盤，你也可能在一夕之間輸個精光。在思考這個問題時，不妨想想，專家在什麼樣的條件下可以做出精準預測？我們知道，在面對各種政治、經濟和社會事件時，專家的表現通常不太出色。當專家的預測難以派上用場時，優化就是個壞主義，因為你可能陷在單一方法裡頭，無法因應外在變化。

第四區有兩種類型的結果。第一種，就是震驚和錯誤造成的巨額損失。塔雷伯認為我們應該要避免這種結果，因為長期的蠅頭小利也無法彌補這種雖然少見、卻十分龐大的損失。舉例來說，財務上的選擇權，就是你用有買賣特定資產的權利（而非義務）。假設現在有一個代表股市指數的股票，價格是 1 千美元。你可以賣出一個賣權，也就是讓買家在未來三個月內，有權利以 800 美元將股份賣給你。在你看來，未來三個月內指數要下跌超過 20％ 的可能性非常低，所以你只願意用很低的價格賣出這個賣權，也許是 1 美元好了。確實，如果你持續這麼做，你會累積一筆可觀的收入。但如果市場出現罕見狀況,導致股市重挫超過 20%,這時你就會蒙受巨額損失,因為你必須要以 800 美元買進股票。圖表 9-2 說明了這種結果。很多人和機構經常透過融資來做這種交易,但他們所仰賴的模型,其實無法反映這種潛在損失的發生機率和強度。他們不知道自己處於黑天鵝區,所以產生了盲點。

如果選擇權的賣方面臨持續的小額獲利,以及罕見但巨額的損失,這表示該選擇權的買方會有相反的回報。買方會持續擁有小額損失,但偶爾會有非常大的獲利。圖表 9-3 就是在說明這樣的結果。塔雷伯認為,如果你要面對第四區的事件,你應該要期待這種類似買選擇權的回報,儘管要持續付出小額成本,但你不知道何時會得到一筆巨額回報。[25]

面對運氣,塔雷伯有兩個很有用的建議。第一,就是了解,對於無法計算機率,以及後果非常巨大的事件,其實自己所知有限。換言之,你要知道哪些事情是自己不知道的。第二,就是要確保,你在第四區所做的一切,最後都是在買進或取得選擇權,而不是賣出選擇權。賣出選擇權的策略,在多數時候可以讓你賺錢。但你最後成功於否,並非取決於你賺錢的頻率,而是取決於最後你的決策讓你賺了多少錢。

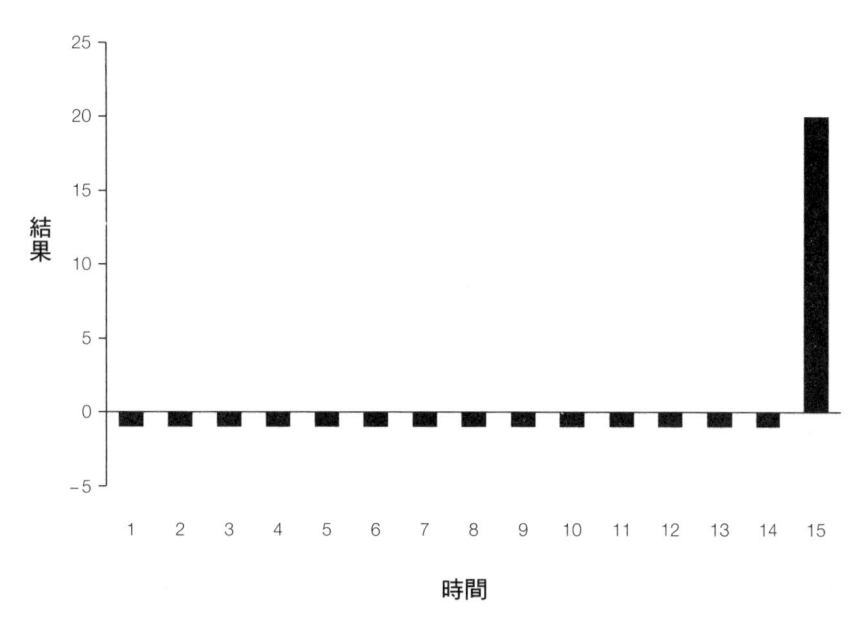

圖表 9-3　第四區的小額損失與巨額獲利

來源：根據 Nassim Nicholas Taleb, "Antifragility, Robustness, and Fragility inside the 'Black Swan'," SSRN Working Paper, February 2011.

學習布局運氣

就定義而言，我們無法控制運氣。但還是有一些方法，能有效布局運氣。上校賽局告訴我們，在競爭的互動關係中，強者應該要把事情簡化，把重點放在自己的能力優勢；弱者則應該想辦法增加隨機性，以弱化強者的優勢。這樣的方法，已經在運動、商業和戰爭中證實有效,但很多人還是沒有採用,因為大家仍囿於傳統、或因為缺乏自覺、或因為大家害怕做了不同嘗試而遭致失敗,可能對職涯產生不利影響。

有些時候,你可以把運氣視為知識的缺乏。尤其在運氣成分高的活動,當中的因果關係往往難以辨別。不過,透過應用科學方法和科技,現在大家可以比過往更清楚了解因果關係,藉此調整運氣的比重。研究人員可以利用控制組與實驗組的設計,了解因與果如何互動。由於新科技的關係,現在科學家可以用低廉的成本完成大規模實驗。這對效率也有非常大幫助。

統計方法可以協助我們評估各式各樣的活動。我們應該適當地應用這些模型,同時了解它們的極限。塔雷伯設計了一個很有用的矩陣,讓我們明白統計能夠派上用場的領域與相關限制。他特別提到第四區的事件,其回報難以評估、且結果十分極端;這時我們最好不要使用任何模型。關鍵是,我們應該避開那些小額獲利、但卻可能有巨額損失的活動;反之,我們應該參與那些成本小、但獲利驚人的事情。

10
均值回歸

　　法蘭西斯・高騰（Francis Galton）是達爾文（Charles Darwin）的表弟，他是一位非常博學的人，尤其喜歡計算東西。終其一生，他蒐集、分析了大量數據；1800年代晚期，他在計算豌豆時進行了連串探索與調查，終於了解均值回歸如何運作。[1]

　　均值回歸顯示，如果一件事情偏離了平均，那麼下一件事會比較接近平均值一些。我們回到第1章討論查理的例子。老師要求查理記住一百件事，他學會了其中的八十件，然後測驗從一百件事中，由老師隨機選出二十道題。假設查理考完試後，得到95分。你可以合理解讀，這樣的成績結合了個人能力（查理理解了80%的資訊）以及好運氣（老師剛好選中了他會的內容）。真實世界裡，我們其實不知道能力與運氣的成分有多高。但異常高的分數，表示運氣的貢獻相當高。這也符合我們在第 3 章提出的模型，我們從能力罐與運氣罐抽出球、然後將兩個分數相加；那些極端突出的分數，其實結合了大量的個人能力與運氣。

假設查理的能力維持不變，接下來考試的出題模式也一樣。我們會預期，他的分數會比較接近他的實力，畢竟前一次考試的好運氣是會變動的。個人能力相同，但平均而言，好運不會一直都在。當然，我們也不會認為查理前一次出現好運，接下來就會面臨厄運。他這次可能運氣更好。不過，平均下來，運氣根本沒有影響力。隨著考試次數變得越多，他的累計平均分數就越接近 80 分，這個分數恰好反映出他的能力。所以，一開始可能有好的能力和好的運氣，但最後只會剩下能力；這個過程，就是均值回歸。原則上，只要兩次分數之間沒有完全關連性，就會出現均值回歸的現象。[2]

當出現極端值的時候，通常均值回歸效應也會特別強。如果一個學生因為能力不佳、且運氣不好，導致他在第一次考試中拿到很差的成績，那麼接下來他的成績只可能保持一樣差、或是變得好一些。同樣的，如果這個學生第一次就考了 100 分，他也不可能再得到更高的分數。他只能考再 100 分、或拿更低的分數。我們可以預測，極端值的分數會出現均值回歸；但我們不可能預測某一次測驗的結果。有些學生的分數表現可能一直很差、甚至還拿到更低的分數。有些拿高分的學生可以一直保持下去,甚至拿到更高分。

均值回歸的經典案例,就是研究長人父母與子女身高的關連性。數學家卡爾‧皮爾森(Karl Pearson),他是高騰(Francis Galton)的門徒、也是其傳記作者;皮爾森曾級研究一千對父子的身高。他發現,父子的身高之相關係數 r 大約為 0.50。孩子的身高部分是由遺傳決定,另外也受到環境因素的影響,包括健康與營養等。

均值回歸告訴我們,身高非常高的父親或許會生出高的兒子,但兒子的身高會比較靠近所有兒子的平均值。圖表 10-1 就是以皮爾森的資料為基礎,並且用圖像解釋這個事實。以這個圖表的右上角為例,該圖顯示,身高最高的父親們,他們大概比平均高出八英寸。不過,他們的兒子大約只比平均高出四英寸。同樣的,矮的父親或許會生出矮的兒子,但是兒子的身高會比父親的身高更接近平均值。從圖表的左下方可以看出這個趨勢。[3]

很多人都認為自己了解均值回歸的概念。父子身高的例子,肯定很多人都不覺得意外。但這個概念其實很難掌握,做決策時尤其難以利用。均值回歸很容易產生三種迷思。首先是因果關係的迷思。每當我們看到均值回歸的現象,也就是數值向平均數靠攏時,

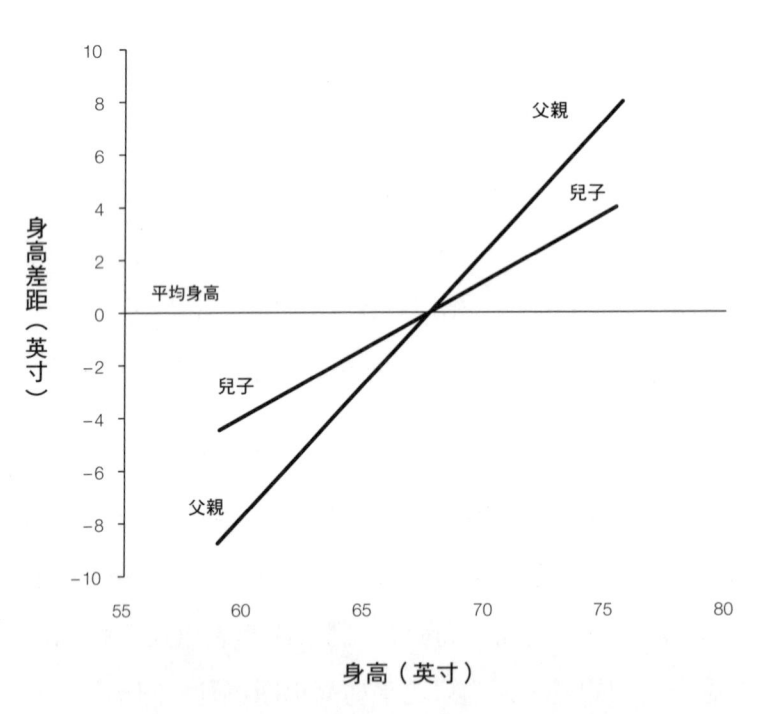

圖表 10-1　父子身高的均值回歸現象

來源：資料來自 Karl Pearson and Alice Lee, "On the Laws of Inheritance in Man: I. Inheritance of Physical Characters," Biometrika, Vol. 2, No. 4, November 1903, 357-462. 圖表是根據 Francis Galton. "Regression towards Mediocrity in Hereditary Stature," Journal of the Anthropological Institute, Vol. 15, 1886. 246-263.

我們自然會想要找出背後的原因，但往往徒勞無功。另外就是反饋的迷思，讓我們以為出現好的反饋後，接下來的結果就會比較糟；反之如果出現不好的反饋，接下來的結果會比較好。最後是變異性遞減的迷思，以為均值回歸表示我們所測量的一切，長期下來會趨近於同樣的平均值。一些受過良好訓練的知名經濟學家，也曾犯過最後這種錯誤。我的一位專業朋友在本書的最終版本寫道，「均值回歸之於投資的重要性，就好比萬有引力之於物理學。」但是，要了解萬有引力的效應，遠比了解均值回歸容易的多。

均值回歸的謬誤

本書的主要論點之一，就是我們往往難以解開個人能力與運氣的糾結關係，這是因為我們無論如何都想找出因果關係，不管是否符合實際狀況。均值回歸是一種統計的產物，讓我們「急於尋找因果關係」的心靈蠢蠢欲動。由於個人能力是穩定的，所以我們會看到均值回歸的現象，畢竟該活動中摻雜了隨機性（從個人觀點來看就是運氣）。這當中並沒有所謂的原因，所以也不需要加以解釋。

迷思1：因果關係

康納曼提出一個例子來說明這件事。他建議，你可以在派對裡與別人交談，然後聽聽其他人怎麼解釋下面這段真實的陳述：

智商高的女人通常會嫁給智商比她們低的男人。

他指出，一般人當下的立即反映，通常是從因果關係去解釋這件事。你的心智會搜尋各種理由，去解釋為什麼女人想要、或需要嫁給一個比她們智商低的人。你甚至會搜尋自己的記憶，從自己認識的人裡面找出符合這項描述的夫妻，然後找出合理的解釋。康納曼接下來提出第二個陳述：

伴侶智商的關連性，其實並不顯著。

此話雖然為真，但其實無關痛癢，也不怎麼有趣。但這段話的含意，其實無異於第一段陳述。在前一個案例中，你的心智會自動找出原因，但第二個案例聽起來就是索然無味，而且顯而易見。面對均值回歸的事情，人們往往會看的很重，導致因果關係的迷思應運而生；但實際上，他們不過看到了一個缺乏關連性的現象。[4]

如果你的心裡還無法接受缺乏因果關係的事實，你可以思考均值回歸其實也出現在時間倒推的情況裡。高爸爸們比較可能生出高兒子，但這些兒子們的身高，會比較接近所有兒子的平均。反過來，高兒子也比較可能有高的爸爸，但這些爸爸們的身高會比較接近所有爸爸的平均身高。我們都知道高兒子不可能導致矮爸爸。但均值回歸告訴我們，這個陳述依然是為真。這件事情，背後並沒有任何原因。

迷思2：反饋產生影響

　　另一個與因果關係有關的迷思，就是反饋。一般人以為，當事情結果出爐後，自己的反饋或處置，導致了第二次結果的變化；大家卻不願承認，其實改變只是出於均值回歸。舉一個簡單的例子。你的兒子回到家，你發現他的數學成績慘不忍睹。你非常嚴厲地表達內心的不悅，威脅要沒收他最愛的電動玩具，並命令他認真讀書。下次考試他表現的如何？均值回歸顯示，不論你說了什麼，平均而言他的成績都會好一些。但你的自然反應是，他的進步是因為你對他說了那些話。

　　我們可以進一步來看。如果你的小孩拿到好成績，並獲得你的稱讚。但與此同時你又擔心稱讚會讓孩子鬆懈，導致他接下來的成績平均起來變差。然而，均值回歸告訴我們，不管你說了什麼，你都應該要預期孩子的成績會往平均值靠攏。我們已經看到，你可能以為負面回饋可以提升孩子的表現，但其實均值回歸已經簡單地解釋這個現象。重點是，你只要適當地針對結果表達反饋即可，其他的就不必多想了。

　　這種迷思經常讓醫生感到困惑。在臨床上，他們通常會測量你的體重、膽固醇指數和血壓，來判斷你是否具有某種疾病、或具備了與某種疾病相關的危險因子。只要醫生找到了這些變數的極端值，例如高血壓，他們可能就會開始治療你。他們會開藥，讓你的血壓下降到接近平均值。同樣的，我們知道高血壓族群在經過第一次看診後，第二次看診時，無論個人有沒有接受治療，他們的平均血壓都會比較緩和。因為測量上的誤差和生理上的變異性，所以同一個人進行兩次血壓測量，其關連性也不高。所以，無論治療與否，都會有均值回歸的效應。通常大家會直覺認為治療發揮了效果、並造成血壓下降；在某些案例中，這確實是部分原因。但反饋的迷思會讓我們以為，治療是原因、血壓降低是結果。[5]

迷思3：變異性遞減

高爾頓曾寫過一篇著名的均值回歸文章，叫做〈遺傳身高向平均回歸〉（Regression towards Mediocrity in Hereditary Stature）。這個標題表達了一個概念，彷彿一切事物都會向平均靠攏，而數值的變異性會縮小。這就是變異性遞減的迷思。但事實卻不是如此。即使第一次和第二次的數值完全一樣，但是就統計特性來說，均值回歸也是存在的。不管是因為均值回歸而出現變化、或是穩定不變，這些都可能同時發生，也容易讓人落入圈套。

回頭看圖表10-1的均值回歸。因為最高和最矮的兒子都比他們的父親更接近平均值,所以你會認為他們的變異性縮小了。但我們用圖表 10-2 來看同樣一份資料。兩條分配曲線的頂端雖然有些微差異,但兩側尾巴的分布其實非常相似。變異係數(標準差除以平均數)方面,兩個分配曲線的數值幾乎相同。換言之,兒子們的身高分布,並沒有比他們父親們的身高分布更接近平均值。事實上,這份數據顯示,兒子的數據分布其實偏離了平均值、變異性更高。[6]

綜合了變與不變,你可以發現,運氣重組了身高的分配。回想

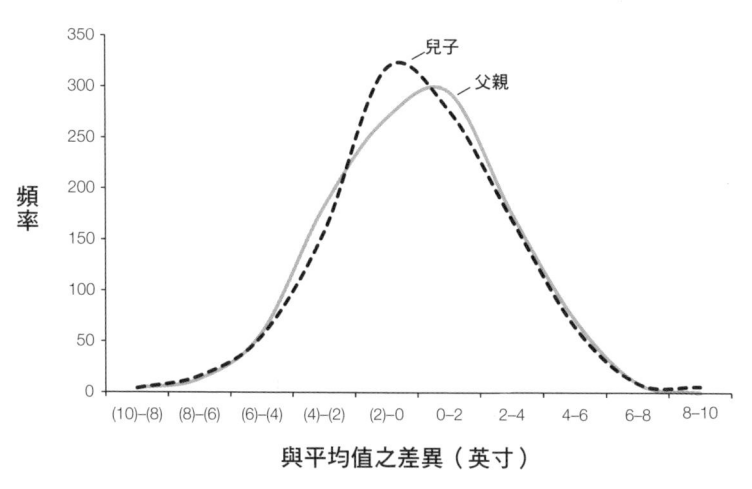

圖表 10-2　父親與兒子們的身高分配

來源:資料來自 Karl Pearson and Alice Lee, "On the Laws of Inheritance in Man: I. Inheritance of Physical Characters," Biometrika, Vol. 2, No. 4, November 1903, 357-462.

第3章的雙罐模型。如果罐裡的數值不變，那麼長時間從兩個罐裡抽出號碼後，分配的集合會非常類似，只是極端值會出現均值回歸。例如，假設你在一次考試中得到高分，而高分是來自於符合平均的個人能力，以及高於平均的運氣。下一次考試時，你的運氣可能沒那麼好，所以你的成績會往平均值靠攏。但另一位實力符合平均的學生可能好運臨門，因此在分配曲線上填補了你原本的空缺。

完全競爭市場的原則之一，就是超額報酬會隨著競爭而消失。如果一間公司的資本機會成本為10%（資本機會成本是要計算最低期望收益，或是你做其他事情所期望的回報），但其資本報酬率卻有20%，勢必會引來其他公司的競爭。由於這樣的回報仍優於於機會成本，因此另一間公司勢必願意降價，接受15%的回報；15%的回報仍優於機會成本，其他競爭者可以會願意再降價，接受12%的回報。理論上，最終所有競爭者都只能賺到資本機會成本。這個過程聽起來也很像是均值回歸，而這裡的平均，就是資本機會成本。

1933年，西北大學統計學家霍勒斯・塞克利斯特（Horace Secrist）寫了一本書，叫做《平庸狀態在商業活動中的勝利》（The Triumph of Mediocrity in Business）。這本書總共四百六十八頁，裡面包括一百四十個表格和一百張圖表。塞克利斯特的著作非常仔細，而他的結論看似符合完全競爭市場的原則：「在競爭的商業活動中，

第 10 章｜均值回歸

平庸會戰勝一切。」他也提到高騰的貢獻，並引用高騰的用語來說明其結論，「成本與獲利都會趨近於平均值，用高騰的話來說，就是『出現回歸』。」他解釋，「只在競爭市場裡，異質性會讓步予同質性。優勢與劣勢都會持續消散，接著就會出現平等化的過程。」[7]

圖表 10-3 是根據塞克利斯特的圖表所做的更新版。你可以看到，他把一千多家公司分為五個不同級距；在 2010 年以前的十年，

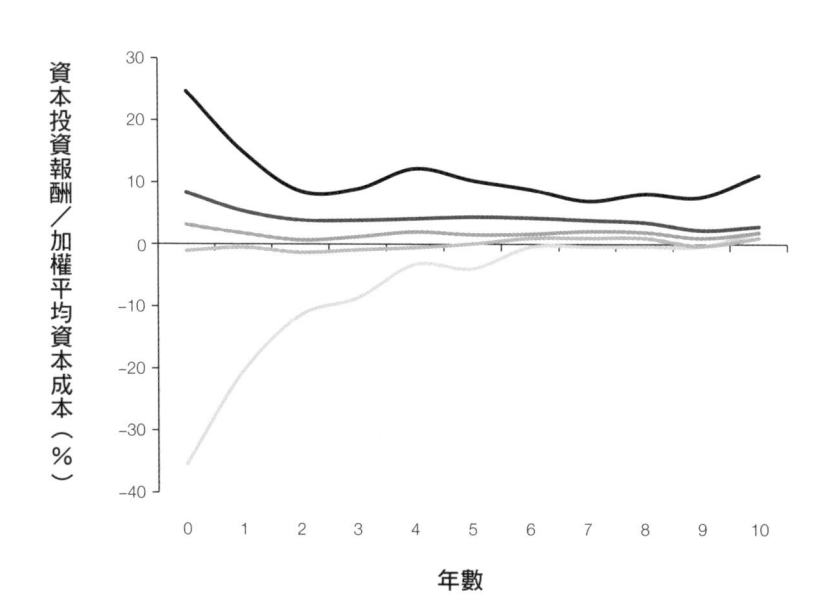

圖表 10-3　企業資本投資報酬之均值回歸（2002 至 2010）

資本投資報酬／加權平均資本成本（%）

年數

來源：作者

它們的的投資報酬與資本成本的中位數明顯向平均值集中。雖然回報並沒有下降到資本成本的水準（也就是塞克利斯特所說的「平等化」），但末期的分散程度已經明顯小於一開始的程度。

塞克利斯特的結論，認為這些結果會向平均值集中；這正是變異性遞減迷思的最著名案例。我們已經討論過，均值回歸不代表結果會逐漸往平均值靠攏。只要每一年的資本投資報酬不是完全相關，你就會看到均值回歸的現象。長期而言，企業資本投資報酬的變異係數（也就是標準差除以平均數）其實是相當穩定的。

許多知名經濟學家都犯了這種錯誤。1976年得到諾貝爾經濟學獎的米爾頓・傅利曼（Milton Friedman），便針對此事發表了一篇文章。他引用了一本由知名經濟學家撰寫與審查的書，表示：「我很驚訝，這些審查人與作者都是知名經濟學家，也完全精通現代統計方法，他們卻陷入了回歸的謬誤。」[8]

變異性並非不會下降。我們前面提到個人能力的矛盾，而其背後的主要概念，就是遞減的變異性。但重點是，雖然你觀察到均值回歸的現象，但這不代表結果會逐漸趨近於平均值。你必須謹慎區分「系統的變化」，以及「系統內的變化」。兩者很容易混淆。

法蘭西斯・高騰指出，「相關性」與「均值回歸」是一體兩面。

這是了解個人能力與運氣的重要洞見。兩個變數之間的相關係數，會決定均值回歸的速度，並提供寶貴的預測指引。

基本比率、持續性和 c

現在我們已經可以結合幾個前面提到的概念，開始實際應用均值回歸。首先是丹尼爾・康納曼和阿摩司・特沃斯基的論文〈論預測心理學〉。他們提到，要用統計進行預測，需要三種資訊：先前的資訊、或是所謂的基本比率；個別事件的明確證據；以及預測的預期準確度。關鍵在於，我們必須決定資訊的重要性。[9]

要回答這個問題，我們可以檢視持續性，也就是看相關係數。高度相關通常會出現在個人能力上，讓我們可以做出較精準的預測。低度相關通常代表著運氣成分，也表示預測精準度較低。我們前面提到，有用的統計都具有持續性和可預測性。這表示下一次的結果會類似前一次的結果（高度相關）。這也表示你可以掌控接下來發生的事（你的付出與所得呈現高度相關）。

結合資訊重要性（有多少價值？）和持續性（會不會再看到同樣結果？）的概念，你就有明確的指引，可以判斷接下來的結果可能為何。面對相關性低的事件,均值回歸的效果是非常強的。這是因為,下一次結果最可能的出現機率就是基本比率,也就是分配的平均。但多數人並不是用這個原則做決定。一般人不會想到回歸,而是認為好事之後也會出現好事、壞事之後也難逃壞事。

投資的世界就是一個例子。在投資行業,很多人會買那些績優的標的、賣出績效差的標的。這個現象太過普遍,讓兩位教授撰文稱此為笨錢效應(Dumb Money Effect)。這些財務教授計算,買高賣低的行為,會讓投資人的年報酬率損失1%,這是相當可觀的數目。[10] 而且,不只是個人會有這種行為。機構投資人也會做一樣的事。一份研究指出,過去幾十年來,機構投資人因為笨錢效應而流失了超過1千7百億美元。[11]

接下來的指引比較簡單一些。只要投入與回報的相關性高,就不會有太大的均值回歸效應,你就比較能仰賴特定的事證來判斷一件事。對於後續事件結果的最佳估計,就是前一次事件的結果。若一件事情主要由個人能力決定,該論點就成立。網球比賽與賽跑,都是這類型的案例。至於棒球賽中,有些活動比較容易預測,有些則不見得。球員的三振率(三振次數除以打數)只牽涉到投手與打者,因此個人能力的成分較高,因與果之間就有高度相關。至於打擊率(安打數除以打數),就牽涉到更多因素,包括天氣、守備,以及球棒擊中球時的纖毫之差。相較於三振率，打擊率與個人能力的關連性較低，因此較難預測。

最後，在應用均值回歸的概念時，你還要考量收縮因子 c。第 3 章探討了詹姆斯—斯坦估量（James-Stein Estimator）。以下是估算真正能力的算式：[12]

$$z = (\bar{y}) + c(y - \bar{y})$$

用白話文來表達，這個公式的意思是：

真實能力的估計值＝總平均＋
收縮因子（觀察平均值－總平均）

c 的數值範圍在 0 到 1 之間，0 表示完全的均值回歸，1 則表示完全沒有均值回歸。所以 c 告訴我們應該回歸多少，以及該往什麼樣的平均數回歸。高騰指出，相關性與均值回歸是一體兩面。我們可以把這樣的洞見轉換成數學分析，只要透過一個簡單的等式：$c = r$。我發現 c 並不完全等於 r，但實務上這個概念依然成立。高度相關，就表示低度均值回歸。如果你知道 r 的高低，你就能夠了解 c 會帶給你什麼樣的最佳估計值。[13]

這個等式非常有用，但還是有幾個要注意的地方，否則可能造成誤用。最重要的危險在於，很多領域裡面的相關性，並非一成不變。父子的身高、或是棒球打者的三振率，都有相當穩定的相關性；但在其他領域，相關性卻會改變。所以，如果你以為相關性會一直維持在高檔，所以預測力也會很強，就可能會落入圈套。在穩定的線性活動中，相關性會保持一致。但是在不穩定的非線性活動中，仰賴過去的相關性，恐怕沒有太大幫助。

另外值得一提的是，個人能力也不是一成不變。我們在第 5 章提到，個人能力的發展會像拱門的形狀一樣，有起有落。短期內你的個人能力可能不變，但時間拉的越長，你就越需要留意個人能力的起落。

與此相關的問題，就是你所選擇的樣本。當你蒐集的資料變多，你就越能夠準確地評估個人能力。小樣本非常不可靠。所以，你要確保自己的樣本夠大，才能得到可靠的結論。如果其他條件相同，通常小樣本會出現較大的均值回歸效應。

最後要提醒，當你在估算個人能力時，你要記得，這畢竟只是「估算」。你無法算出一個明確、客觀的數值。你必須明白這個工具的限制。總括來說，研究顯示，大家在做預測時，往往沒有考慮足夠的均值回歸。因此，現在你已經擁有了預測的基礎，至少已經算是贏在起跑點。

為什麼你的球隊沒有想像中那麼好（或差）

我們用一個案例來說明這些概念。這個方法，是引用自賽博計量學家湯姆・坦戈（Tom Tango）和菲爾・波旁（Phil Birnbaum）的想法。[14] 我把他的方法，應用在美國職棒大聯盟 2011 年球季的所有球隊記錄上。分析的目的是要知道，究竟應該如何調整一支球隊的勝敗記錄，才能充分評估球隊的真正實力（附錄會詳細說明這個分析）。

實際上，這個分析過程是要排除運氣的影響力，並仔細分析球隊的實力。乍看之下，似乎不像是利用均值回歸來做預測。但其實意思是類似的，因為當你排除掉運氣後，剩下的就是實力。我們也知道，如果實力不會隨著時間改變（只是如果），那麼相關係數 r 會很接近 1。相關係數高，表示我們不需要把估計值往平均值大幅修正。所以，這個方法可以告訴我們許多資訊。

第一步，就是要從每支球隊的 162 場季賽中找出收縮因子 c。坦

THE SUCCESS EQUATION

戈的等式和詹姆斯—斯坦估量都提供了類似的答案。[15] 計算的過程有點繁複，所以我就把過程放到附錄裡。但無論使用哪一個等式，收縮因子 c 都大約是 0.7 左右。這告訴我們，如果你要估算一支球隊的真正實力，就是把球隊實際勝率的七成，加上五成勝率的三成。

也就是說，假設你最喜歡的球隊拿到 97 勝 65 負，那麼該隊勝率為 0.599。要估算這支球隊的真正實力，那就是 0.7×0.599，加上 0.3×0.500，真正的勝率為 0.568。這表示，這支球隊的最佳估計值，其實是 92 勝 70 負，而運氣大約占了 5 勝。我要再次強調，我們不知道這是否為正確。也許你的球隊的實力有 100 勝，但他們運氣不佳。但是從均值回歸的角度來看，贏得最多場次的球隊，可能最受幸運之神眷顧；而輸最多的球隊運氣也最不好。

貝式定理

坦戈則用不同的方法來估計球隊的真正實力，但結果類似。他在球隊真正的勝敗場數外，另外增加 0.5× 特定比賽場數。他的計算顯示，大聯盟球季的適當比賽數是 74 場。[16] 所以如果你的球隊拿下 97 勝 65 負，你會在勝負數字上分別加上 37，變成 134 勝 102 負，勝率為 0.568。最後得到了完全一樣的數字。

但坦戈的方法之好處在於：74 場比賽、五成勝率是最正確的數字，可以適用於預估大聯盟的各種比賽場數。例如，你喜歡的球隊出師不利，前面 10 場比賽只贏了 2 場。球隊的勝率只有非常慘澹的兩成，但坦戈的方法會在勝負場數上各加上 37，變成 39 勝 45 負，勝率為 0.464。這個數字稱不上卓越，但可以讓你更精確地評估球隊的真正實力。

這就是所謂的貝式定理（Bayesian Approach），在一開始的機率之上，在根據新資訊修正機率值。[17] 在這個例子中，74 場比賽、五成勝率就是既有的機率，其他額外的比賽就是新資訊。第一場、或是前面幾場比賽的輸贏，幾乎不會影響既有機率。但隨著賽季進行，這個模型中來自新資訊的權重會增加，一直到三成來自既有資訊、七成來自新資訊，也就是球隊真正的勝敗記錄。

無論在大聯盟賽季的什麼時間點，你都可以計算收縮因子如下：

$$c = \frac{n}{74+n}$$

n 等於比賽場數。隨著出賽數增加，c 的數值會增加，最後會停在大約 0.7。收縮因子上升，表示新資訊的權重越來越高。所以，如果你的球隊在新球季只打了幾場比賽，這時都不必太過興奮，也不必過度消沉。

在籃球等較少運氣成分的活動中,均值回歸的現象也較少;相較之下,棒球的運氣成分較高,也會有較多的均值回歸。對 NBA 賽季來說,c 的值大約接近 0.9,而你在設定既有勝率時,只需要 11 場比賽的五成勝率。每一場 NBA 賽事所包含的資訊,會比大聯盟比賽的資訊更多。

避開陷阱

最後一點:均值回歸的基礎,就是要知道平均值為何。如果是符合冪次定理的分配狀態,也就是有少數極端大的數值,以及眾多小的數值,那麼「平均值」就沒有太大意義。例如,假設你蒐集了住家附近一百位男士的身高,你可以馬上算出平均。如果比爾・蓋茲(Bill Gates)搬到這個社區,你也把他加入計算,當然平均值也不會有什麼變動。蓋茲的身高與一般人相差不多。就算他比平均值高、或低,但其差異也不會大幅改變平均值。

現在假設你算的是一百位鄰居的身價。比爾・蓋茲的身價可能是這一百人總和的數倍,這會大幅拉高平均值。因為結果大幅扭曲了，所以平均數就沒有太大參考價值。均值回歸只能用於平均數具有參考意義的地方。很多事情符合這個條件，但不盡然都是如此。

均值回歸很容易讓人落入陷阱，從散戶投資人購買熱門共同基金、到經濟學家誤解其研究發現，都是明顯案例。這個概念會產生一些因果關係、反饋效果與變異收縮的錯覺。但是，最大的危機，就是決策者往往沒有充分考量均值回歸的影響。

本章的重點是，如果要做出有效預測，你必須小心判斷自己落在「運氣―個人能力」光譜上的何處、估算出適當的收縮因子、並且在決策時考量到均值回歸。其實，最簡單的近似等式 $c \fallingdotseq r$，也就是收縮因子大約等於兩次結果的關連性，這已經讓你有一個正確的出發點。

11
預測的藝術

麥克・路易斯的《魔球》書中，有一個場景是奧克蘭運動家隊的球探與主管們齊聚一堂，要決定 2002 年選秀會該選誰。這些球探過去都是球員出身，一輩子都在球場出入。他們仰賴自己的經驗和感覺，來判斷哪些球員會成功。很多時候他們是完全正確的。但他們也可能被自己的偏見所囿。主管們則是用統計數字來贏估球員。統計不會管球員看起來的模樣。總經理比利・比恩（Billy Beane）很喜歡說一句話：「我們不是在賣牛仔褲。」他們只在意表現與績效。儘管路易斯的書有些戲劇化，但重點是，傳統球探的運作方式太過強調某些面向、也低估了一些面向。其他球隊的球探仍使用那些老舊、無效率的方法。所以奧克蘭運動家隊的經理人透過統計分析，希望能夠找出那些無效率、並利用其他球隊的這個弱點。

回顧整本書，現在我們可以知道，為什麼拆解個人能力與運氣是如此困難的一件事。首先是心理上的關卡。我們認識世界的方式，往往是透過自己的經驗。我們的感知系統察覺到周遭發生的事，然後我們的心會處理各種資訊，編織成完整的故事。但我們從心裡學家的研究知道，我們的心智往往會抄捷徑。抄捷徑可以省下大量時間，通常也很有效。但它們也可能產生一致、且可預測的偏見。

我們經常想要找出因果關係，但這卻是阻礙我們清楚思考「能力」與「運氣」的最大原因。儘管多數人都承認運氣扮演一定角色，但我們卻難以在事實發生後評估運氣的重要性。一旦事情發生了、然後我們也能夠編出一個解釋，那麼一切看起來就像是命中注定。統計無法滿足我們了解因果關係的需求，所以我們經常忽略、或錯誤解讀這些數據。相反的，故事卻是經常被用來溝通的管道，因為它們強調因果關係。

其他的心理騙局，還包括時近偏見（Recency bias），以及樣本大小的偏見。時近偏見意指我們會傾向重視近期的資訊，勝過以往大量的資訊。因此，我們會高估了近期表現優秀的球員，儘管他過去表現平平。另一個相關概念是樣本大小的偏見。我們常常會從很小的樣本中推導出過多意義。研究這些偏見的心理學家，讓我們明白為什麼釐清能力與運氣竟是如此困難。

另一個障礙則與分析有關。當我們對眼前的問題有了基本了解後，我們還是需要經過分析，才能把事情放到「運氣—個人能力」的光譜上、畫出能力的拱門曲線、評估運氣的影響，以及找出有用的統計方法。多數情況下，分析工具其實不難理解。如果了解基本統計學，會非常有幫助。分析的最後一步，就是要知道這些方法何時無法派上用場。沒有足夠分析，可能造成風險；但若誤用了分析方法，也可能產生錯誤。在審慎思考個人能力與運氣時，應該注意這兩種風險。

最後要克服的障礙，是與過程有關。如果這些想法合理，我們必須知道該怎麼做。關鍵在於，了解個人能力與運氣後，下一步就是要引導我們的行動。要強化個人能力的最佳方法，要依這件事情在「運氣—個人能力」光譜上的位置而定。如果一件事情主要由個人能力決定，認真練習就會發生效果。但如果運氣占了較大成分，這時你的焦點應該放在過程。此外，了解均值回歸的重要，讓我們可以更審慎評估接下來要發生的事。

達爾文的曾孫、神經科學家霍勒斯・巴洛（Horace Barlow）認為，智力就是「猜測的藝術」。更精準來說，他認為好的猜測就是「找出新的、非出於巧合的關連性。」[1] 我很喜歡他的定義，因為這完全符合我的主題：解開個人能力與運氣的關係，並思考過去、現在與未來。巴洛還強調，好的猜測要避免被巧合愚弄。他寫道，「我們發現的關連性，必須是真實的、不能出於巧合。如果我們相信了某種巧合，並認為這個跡象會帶來某種重要、長久的關連性，雖然有時候這麼做確實很有趣，但我們將無法做出好的猜測，也不算是具備了智力。」[2] 一點都沒錯。

面對這個帶有能力與運氣的世界，以下有十個建議，可以提升你的猜測準確度。

一、了解自己位於光譜何處

說到這裡，大家應該已經明白，在光譜上定位一件事，其效益是非常顯著的。但我們面臨的挑戰時，除了一些極端事件（全部都是運氣或全部都靠能力）之外，我們幾乎很難憑直覺判斷這些活動的位置。為了說明這一點，我發出了一個非正式的請求，要同事們根據運氣與實力的成分，來排列多項運動。回答的人超過二十人，整體而言，大家的猜測雖不中亦不遠矣。但如果看個別結果的話，很多人的判斷其實出現嚴重偏差，有些運動甚至是所有人都誤判。運動還是相對單純直接的活動，因此你應該可以想像，更複雜的活動，如商業和投資等，判斷起來勢必更加困難。

如果事情落在光譜上靠近個人能力的一端，你就能做出相當好的預測。你要思考的問題，就是個人能力是否會馬上出現變化。這裡就牽涉到何謂有用的統計：有用的統計通常具有持續性，即事件結果與前一次具備高度相關性。要在光譜的另一端做預測，則非常困難。如果運氣占了多數，個人能力只有一小部分，你必須蒐集大量樣本，才能了解能力的影響。

一件事情在光譜上的位置，也可以讓你知道，在做預測時會出現多大的均值回歸效應。高度相關表示均值回歸效應很小；你在預測未來事件時，就應該以前一次結果為參考。低度相關表示會有明顯的均值回歸，所以如果要猜測下一次結果，最合理的猜測，就是平均值。心理學家已經告訴我們，一般人通常沒有充分考慮均值回歸的效應。

最後，「運氣—個人能力」光譜可以讓你知道，什麼情況下很可能會被隨機性所矇騙。一個很基本的挑戰是，我們的心智經常會替眼睛所看到的事物尋找因果關係，不論這件事情是出於個人能力或是運氣。在靠近個人能力的一端，好的結果可以清楚歸因於個人實力；但是在運氣這一端，我們的心智太過懶惰，導致我們也以為這是因為個人能力所致。（一般來說純粹靠運氣的活動不包括在內，例如樂透；但你還是會聽到有人用因果關係來解釋中樂透的事實。）很常見的例子，就是投資人雖然做了很糟糕的決定，但短期內依然收穫豐厚。在很多人眼中，可能覺得他的成功是因為有過人的能力。其實，隨機性才是真正的原因；我們卻面臨了被蒙蔽的風險。

二、評估樣本大小、重要性和黑天鵝

1971年，特沃斯基和康納曼寫了一篇極具影響力的論文，叫做《小數定律》(*Belief in the Law of Small Numbers*)。他們指出，對於小樣本，一般人會有「很強的直覺」，但「本質上卻完全錯誤」，而且「許多天真的人和受過訓練的科學家」都有這個缺失。[3] 簡單來說，這裡所說的錯誤，就是我們傾向以為小樣本足以代表所有人。

我們在第3章提到，我們在看結果時，必須考量到樣本大小，因為小樣本得出的結果很可能完全偏離整個母群體。這會導致判斷錯誤。我們可以從湯姆・坦戈、米契・利奇曼（Mitchel Lichtman）

和安德魯・道爾芬（Andrew Dolphin）合著的《棒球聖經》（*The Book*）中，找到佐證案例。他們探討了棒球比賽中打者與投手的互動。[4] 一位打者可能面對一位投手二十次，然後寫下非常好的記錄，例如極高的打擊率、很多長打、很少三振數。反過來說，一位投手也可能完全封鎖一位打者、經常祭出三振、或者根本不讓他站上壘包。轉播人員很喜歡點出這些統計，指出一位球員對另一位球員瞭若指掌。經理人也會仰賴這類數據，決定當天要派哪位球員上場。

現在我們已經明白，自己不該太過看重這種小樣本的交手，因為這種極端的表現很可能只是正常的變異性，而不是因為某個球員天賦異稟、專剋某人。坦戈、利奇曼與道爾芬蒐集了許多為人熟知的球員對戰組合，然後分析同樣組合下一季面對彼此的成績。也就是說，研究人員想要知道下列何者較具解釋力：一位球員在專剋另一位球員的小樣本、還是同一人面對所有選手的表現。他們的結論是，相較於特定打者與投手之間的過去交手結果，球員的整體表現，其實是更好的預測因子。[5]

當我們表達一個統計數據時，不要忘了說明樣本大小；在評估統計的價值時，也一定要把樣本數量放在心裡。我們在第 3 章提到，如果我們處於光譜上較接近運氣的一端，這時會需要大樣本才能導出結論；反之，如果是在靠近個人能力的一端，那麼小樣本就夠了。

我們再用一個棒球的例子來說明。統計人員經常問，打擊率或投手數據會在哪一個時間點「穩定下來」。穩定的意思是，在這樣的樣本數下，已經足以預測未來變異性的一半（也就是 r = 0.50）。穩定下來後，好的猜測，就是在「球員數據」以及「整體平均數據」之間給予相同權重。換言之，從這一刻開始，該樣本數已經足以讓我們做出最好的預測。[6]

三振率大多反映了個人實力，這個數值大約在一百個打數時達到穩定，也就是五分之一的賽季。場內球打擊率，也就是打者擊出界內球的安打率，就摻雜了許多運氣成分。這個數值要到一千一百個打數才會穩定下來，幾乎是兩個半的球季長度。大部分的統計數據都在這兩個極端之間。重點是，你需要的樣本大小，在不同情況下會有不同。在真實世界裡，我們經常忘了這一點。

接下來的問題是，從這些樣本得出的統計數字，究竟告訴我們什麼訊息。一個可能的問題是，我們找到了最後得到勝利的團隊（或者是公司、投資人），並且希望找出成功的原因。例如，我們可能建立了一個樣本，裡面都是過去採用高風險策略而最後勝出的公司；但我們卻沒有處理那些採用相同策略、最後卻失敗的公司。樣本僅涵蓋了贏家，會讓我們誤判了策略的價值。

另一個問題是要區分統計顯著性與經濟顯著性的。有很多研究發現確實符合統計顯著性的要求，但在實際上可能根本沒有意義。某種程度上這也是詞義的問題；我們都很重視「顯著」這個詞。但對統計學家來說，「顯著」卻有不同的意義。狄德莉・麥克勞斯基（Deirdre McCloskey）和史蒂芬・茲利耶克（Stephen Ziliak）在〈回歸的標準差〉（The Standard Error of Regressions）一文中，提到「顯著」一詞已經變成統計圈過度濫用的詞彙，實務上可能造成誤導。[7]

麥克勞斯基和茲利耶克自己也是經濟學家，他們在 1980 與 1990 年代分析了著名期刊《美國經濟評論》（American Economic Review）中三百篇使用到統計檢驗的論文。他們發現，有四分之三的論文沒有區分所謂的統計顯著與經濟顯著。例如，假如父親與兒子收入的關連性是 0.2。有一份新的研究發現關連性是 0.20000000001，這在統計上具有顯著性，但卻不具備經濟顯著性。具有統計顯著性的結果，比較能夠登在知名期刊上，而且容易吸引媒體目光，但可能根本沒有實用價值。這些都無助於猜測。麥克勞斯基和茲利耶克提到，「直接告訴我你的相關係數的精髓；不要把它和統計顯著性混為一談。」[8]

塔雷伯說的第四區，也就是充滿複雜回報和極端結果的黑天鵝區，我們對樣本大小的想法，也經常失準。最常見的模式，就是在長期持續的小額收益後,遭遇突如其來的重大損失。以投資交易為例,某種策略也許可以帶來看似穩定的獲利。這樣的穩定性,會進一步鼓勵投資人去借錢,來擴大原本微小的收益。連續的成功,讓投資人誤以為自己找到了簡單易懂的賺錢策略;但是,砰的一聲,同樣的策略卻造成嚴重虧損。第四區的少數樣本,通常無法讓人了解到,極端結果已經在前方等著你。

三、記得考慮虛無假設

每當看到一個結果時,都要記得把它與簡單模型產生的結果做比較。要做到這件事,需要一些練習。著名喜劇演員漢尼・楊曼(Henny Youngman)就很擅長這麼做。每次有人問他,「你的太太好嗎?」他都會回答,「是跟什麼相比?」

安德魯・莫布森(Andrew Mauboussin)和山姆・阿爾貝斯曼(Sam Arbesman)的研究,提出了一個案例。[9]他們很想了解,究竟個人能力對共同基金的績效有多大影響力。他們把焦點放在連續性的績效表現,也就是看這些基金能夠連續多少年創造優於標普五百指數的績效。

第 11 章 | 預測的藝術

該分析總共有兩步驟。首先，他們分析了 1962 年到 2008 年之間的連續性記錄，從中找出超過五千五百檔共同基金。他們以日曆年為單位，發現連續五年超越大盤的基金有兩百零六檔、連續六年的有一百一十九檔、連續七年的為七十五檔、八年的二十三檔、九年的有二十八檔（圖表 11-1 左側）。但是這些結果並沒有任何脈絡。連續九年看起來非常厲害，但我們不知道這是否只是運氣好。

分析的第二步，就是建立一個虛無模型。他們的模型假設，任何一支基金打敗標普五百指數的機率，等於當年所有主動基金打敗大盤的機率。舉例來說，1993 年有 52％的基金表現超越標普五百指數，因此虛無模型便假定，當年任何一支基金打敗大盤的機率也是 52％。接下來，他們會模擬這個結果一萬次。模擬的結果會顯示，在特定的經驗範圍內，若同樣狀況一再重複發生，究竟會發生什麼

圖表 11-1　比較經驗現象與虛無模型：共同基金的連勝

連勝年數	實際次數	虛無模型次數	模型的標準差
5	206	146.9	11.8
6	119	53.6	7.2
7	75	21.4	4.6
8	23	7.6	2.8
9	28	3.0	16

來源：Andrew Mauboussin and Sam Arbesman, "Differentiating Skill and Luck in Financial Markets with Streaks," SSRN working paper, February 3, 2011.

事。

　　研究人員發現，實際資料出現的連勝記錄，遠多於虛無模型出現的連勝次數。例如，實際上有兩百零六支基金連續五年打敗大盤；但是在虛無模型中，大約只有一百四十七檔基金可以憑運氣達到這個記錄。圖表 11-1 也顯示，達到連續九年勝過大盤的基金數，也高於虛無模型產生的結果。虛無模型提供了詮釋真實事件的脈絡，讓你知道「是跟什麼相比」。這個案例顯示，基金表現的結果，恐怕不能光用運氣來解釋。

　　凱撒娛樂公司（Caesars Entertainment）執行長蓋瑞・拉夫曼（Gary Loveman）常常說，在博奕公司上班，有三件事會讓你被炒魷魚：偷竊、性騷擾、還有做實驗卻不設控制組。[10] 只要比較一件事情的真正結果，以及光憑運氣得到的結果，當中的差異，可以讓我們清楚了解個人能力的貢獻。

四、審慎思考反饋與回報

　　不管做什麼事，每個人都希望變得更好。運動員追求更好的表現、音樂家希望提升自己的音樂、企業主管希望推出熱銷產品、創造更高利潤。醫生希望病人健康、電視製作人希望做出熱門節目。要讓自己進步，必須要有高品質的反饋與適當的回報。

我們在第 8 章提到，如果一件事情沒有太多運氣成分，那麼苦力練習可以幫助你提升表現。現實中，只有少數人可以透過刻意練習變成專家。其中一個原因是，很多人的表現達到高原期後，便覺得夠滿意了。例如，如果我們刻意練習開車，我們可以提升自己的開車技術。一般來說，我們滿足自己的表現，畢竟多數時候，這樣的技術已經夠好了。在一些情境下，「夠好」的技術甚至優於「最好」的技術。例如，我們可以不斷努力，變成印第安那五百英里比賽（Indy 500）的賽車選手。但是，如果我們的技術真的如此出神入化，那我們在一般的交通環境裡恐怕會深感挫折。當然，很多時候我們還是需要刻意練習，才能獲得成功。

刻意練習的意思是，個人必須超越自己的能力極限，而且需要許多即時、且正確的反饋。這個過程需要努力投入，而且十分枯燥。事實上，很少人能找到教練，提供他們適當的反饋，而且一般人通常沒有動力花上幾千個小時來學一件事。無論如何，我們應該把刻意練習的概念放在心裡，無論是帶領少棒球隊、或是訓練企業主管，都會用到。不管什麼領域，其實核心概念都一樣：精心設計的練習、高品質的反饋，以及努力付出。

如果一件事情牽涉到大量運氣,那麼焦點就應該放在過程上。靠實力的事情,個人表現會循著一個軌跡逐漸進步。但如果運氣的成分較大,這時過程與結果的連結就會被打破。有時候好的過程可能產生不好結果;不好的過程卻可能產生好結果。但是,長期而言,好的過程終究有較高機會產生好的結果。因此,個人只要專注在過程上即可。

投資圈一直沒有弄懂這件事。長期的投資收益當然可以讓我們了解經理人的個人能力,但短期的過程與結果,其實是非常不可靠的。但是證據顯示,短期績效佳的經理人可以管理更多錢;表現不佳的人,資產就會變小,這跟他們的投資決策過程根本無關。理想上,在牽涉運氣的環境中,我們不應該用結果來決定回報。

回報是反饋的一種;在很多領域,回報其實已經被扭曲了。最顯著的案例,就是企業的高階主管們。1980年代的產業整命風潮,喚醒了企業的經理人與董事會,要他們專注於創造價值。這也導致經理人的薪酬出現顯著的分水嶺。1985年時,只有1%的執行長薪酬是與公司股價連動;但是到了2005年,有高達六成經理人的薪酬與股價綁在一起。[11] 表面上看起來這是正面發展,而且市場也認為企業應該審慎看待資本。但問題是,員工股票選擇權卻變成了主管薪酬的主要來源。

股票選擇權給了員工一個權利（而非義務），可以在某個價錢購買公司股票（通常是股價發放時的價格）。選擇權通常會有一個三到五年的限制期間，然後十年後失效。所以，如果股價上漲，員工就會得利，如果股價下跌也不會有損失。這會讓員工有誘因，想要推高股價；如果做法妥當，這是值得讚賞的目標。但是股票選擇權的問題是，股價的價差、或是回報，其實反映了高度的隨機性。股價波動牽涉到市場對於公司未來財務表現的期待，以及各種公司無法控制的變數，包括利率、經濟成長率、法規、投資人的風險偏好等。用我們的話來說，股價的變化，固然有一部分是因為個人能力，但當中也牽涉到許多運氣成分。

企業主管的獎酬系統，無法辨別個人能力與運氣的差異：市場大好時，所有公司都受惠，包括後段班的公司也一樣；市場不好時，所有公司都受拖累，領先者也無法倖免。西北大學商學院退休教授艾爾弗雷德・拉帕波特（Alfred Rappaport）在一篇探討主管薪酬的文章中提到，在 1997 年以前的十年，美國前一百大上公開發行公司都有正的股東回報。[12] 他提到，這導致「表現低於平均者也能從選擇權獲得巨大利潤。」不過，到了 2000 年以後的十年，股市低迷不振，也使得許多表現優於平均者無法從選擇權賺到錢。這樣的回報系統已經與經營者的個人能力脫鉤，而經營者是否能從股票選擇權獲利，也不是他們能夠控制。

　　有一個辦法可以解決這個問題，而且不必捨棄股票選擇權。首先，公司在設定員工可以執行選擇權的股價時，可以將其與大盤指數、或是同業公司的一籃股票綁定。如此一來，就可以大幅降低隨機性的影響，因為若大盤指數因為運氣好而上漲，執行價格也為跟著上升；反之若市場出現不好狀況，執行價也下跌。此外，選擇權的回報可以涵蓋比較長的時間。我們知道，當一件事情摻雜了運氣成分時，大的樣本有助於我們了解個人能力扮演的角色，而時間拉長可以降低市場的變異性。但是，真正嘗試這些方法的公司，其實不算太多。

　　最後，還有一個關於企業獎酬的重點。企業內基層員工的薪資，通常只會與主管薪資有些微相關，他們的成功由個人能力來決定。經理人可以評估應收帳款人員、基層業務人員、或初級會計人員的成果。在組織頂層的員工，其個人能力自然高過資淺員工。他們賺的錢多很多，但他們成功與否，有很大一部分是由運氣決定。不管是新策略的成功、或是以股價為基礎的獎酬，這些反饋都與運氣綁在一起。對很多公司來說，個人能力只占了一小部分，其他絕大多數都是運氣。

五、利用反事實思考

學習歷史的目的之一,就是鑑古觀今、試著了解未來可能發生什麼事。其中的困難點是,我們只看到了一條世界發展的路徑,但當中諸多事件卻可能非常繁複。當我們知道發生了什麼事情後,「後見之明」自然會蒙蔽我們的雙眼。這樣的偏見,讓我們忘了眼前的世界有多麼難以預測。所以我們會用許多理由來解釋這個看似無可避免的結果。

避免後見之明的一個方法,就是採取反事實思考:仔細想想,有沒有其他的可能性、但最後卻沒發生。如果我們接受 x 是造成 y 的部分原因,那麼我們應該考慮,如果 x 沒有發生的話,事情會如何演變。歷史是由因果關係組合而成的敘事。事情發生後,種種連結關係就變成好像根深蒂固的事實;所以我們必須非常努力,才能思考其他可能的演變方式。菲利普・泰特洛克和他的研究夥伴認為,我們應該在事實思考與反事實思考間維持某種平衡,藉此了解哪些事情是必然如此、是否有其他不同可能性。[13]

我們在第 6 章討論了「音樂實驗室」的實驗,這可以讓我們停下腳步思考:也許世界不是只有我們眼前所見的一種可能性。這項實驗建立了不同的社會世界,讓這些世界平行發展。結果顯示,我們根本無法預測哪一首歌會變成暢銷金曲、也無法預測哪些歌會成功。該實驗比真實世界單純得多，畢竟真實世界裡存在著更多影響因果關係的力量。

如果要對未來抱持著開放心胸，我們也必須對過去敞開新房。我們必須很努力，才不會以為一切的事情都是無可避免。我們的心靈很喜歡自己找出事情的原因，然後就此結案；但是世上萬物的發展，都不是只有一條路徑，而是有其他各種可能。如果跳了祈雨舞之後天空就下雨，人類的腦袋會認為跳舞造成了下雨的結果。理智告訴我們，這是不對的。但是很多時候，我們還是繼續跳著祈雨舞。

六、找幫手指引你、協助自己提升能力

在穩定、線性的環境中，只要我們刻意練習，就可以磨練自己的直覺。但是一般來說，我們的猜測卻經常失準，因為我們把直覺用在錯誤的地方。不同的活動需要不同的方法來提升技能。我們就回到「運氣—個人能力」的光譜，從左到右走一遍。

首先是光譜上的運氣端。個人能力的影響力小、運氣的影響力較強，所以我們的行動能否成功，便帶有機率的成分。因為運氣的

關係，所以會有不確定性。相關案例包括：執行企業策略（索尼的MiniDics）、或買一檔價值顯然被低估的股票。在這些情境下，你必須聚焦於過程。好的過程必須滿足三項條件：理性分析、心理層面，以及外在組織要求。在分析層次，你必須找到價值與價格的不一致，才能擁有優勢。對一家公司而言，你可要推出比對手更便宜的產品。對球隊經理人來說，你必須找出具有實力、且被市場低估的球員。對投資人而言，你必須用低於市場價格的價位，買進未來的現金流。

心理層面的需求，就是要了解常常誤導自己的偏見，並想辦法避免。我們必須花時間與精力去克服自己的直覺，才能作出好的決策。舉例來說，我們通常太過自信，覺得自己有辦法作預測。所以我們必須放慢腳步，確保我們已經廣泛思考了不同可能性——不單只是已經發生的事、還包括其他可能發生的事。

最後則是外在組織的需求，最常見的狀況就是「委託人」與「代理人」之間產生了衝突。例如，高階主管就是股東（委託人）的代理人。過多的補貼和薪酬會傷害股東利益，然後讓主管得利。要減少這種成本，最好的辦法，就是讓委託人與代理人的利益一致。其中一種方法，就是給代理人（高階主管）大量的股票，讓代理人變成委託人。當高階主管同時身為代理人與委託人，他就比較沒有動機去做一些增加企業所有者成本的決策。

接下來我們看光譜的中央。這個區域的任務，通常包含了按部就班與隨機應變的部分。檢查清單會很有幫助。[14] 照顧病人的醫師，可能一方面要處理病人的疾病，另一方面還要處理像是置入靜脈導管等瑣事。檢查清單可以減少醫師漏掉步驟的風險，並提醒醫療人員遵守醫界共通的流程和規範。全球目前已經有至少八家醫院開始施行這種檢查清單，負責推動的醫療人員表示，他們面臨的困難度、感染與院內死亡率都大幅下降。[15]

情況緊繃的時候，檢查清單也很有用。緊急狀況往往讓人無法冷靜思考、也難以採取適當行動，因為壓力會打亂額葉腦（Frontal Lobe）的推理功能。READ-DO 清單就像一個行動指南，讓你在無法清楚思考時可以照著做、一步一步解決問題。一位在知名避險基金公司的朋友告訴我，他的公司還擬定了一份檢查清單，當企業發布重大利空消息時可以因應。雖然這些公司的股價一開始會下跌，但有時候這反而是買進夠多持股的好時機。有時候，操盤者最好趕快賣出手上部位。這份清單可以協助員工保持頭腦清醒，並做出最好決定。

彼得・普羅諾佛斯特（Peter Pronovost）醫師在醫界非常努力推

廣檢查清單。如果你想要擬一份檢查清單，普羅諾佛斯特認為，你必須非常謹慎。首先，你必須設計一份好的檢查清單。你要確保該組織文化是願意接納的，而且你必須正確評估其影響力。清單本身必須要有用，而且最好是由使用者設計。你可能要花不少時間，才能說服那些不相信的人。在很多專業領域中，大家會覺得檢查清單好像代表大家不知道自己在做什麼、或認為自己需要被提醒。你必須克服這種阻力。[16] 不管是什麼領域，檢查清單從未傷害專業；許多案例顯示，它們有助於提升績效表現。最後，有心想要提升績效的組織，必須誠實、精準地評估自己的行動結果。這種測量評估是非常重要的反饋，讓組織可以持續提升自己的能力。

在光譜的右側，進步的關鍵就是刻意練習。在很多情況下，一位教練或指導員都可以協助你建立一個練習的架構。好教練可以給你很大的幫助，因為他們了解技術，可以從旁觀者的角度去觀察與評斷學生的表現。我們在起步時，都需要仰賴教練或老師。一旦我們建立了一定程度的專業後，便開始獨立。向別人尋求意見，好像有損自己的尊嚴。即便如此，就算我們覺得自己經足以應付一切，但我們都還是會受益於教練的指導。

反饋是提升個人能力的不二法門、也是最有效的方法。多數人其實都有菲利普・泰特拉克所說的「信念系統防衛」（Belief System

Defense），也就是想辦法防衛自己的選擇、並保護個人的自我形象。要真誠地接受意見是不容易的，因為這代表著我們必須做出改變，而一般人都希望避免這件事。[17] 有一個簡單、且不需要花大錢的技巧，就是記下你所有的決策。每一次作決定時，寫下你的決定、你如何形成這樣的想法、還有你預期會發生的事。當決策的結果出爐時，把結果寫下來，然後與自己的預期進行比對。你的記錄不會騙你。當你犯錯時，一切都一目了然，接下來你就可以據此改變自己的行為。

七、為策略互動擬訂計畫

在一對一的競爭關係中，個人能力與運氣都是很重要的。重點是要了解，當自己占上風、或身為落水狗時，要如何利用能力與運氣。如果你是較強的一方，你要試著簡化互動，把重點放在個人能力上。反之，如果你是落水狗，你就要讓競爭變得更複雜，以增加更多運氣成分。如果能提高運氣的影響力，落水狗就可以增加自己贏的機會。以戰爭為例，過去歷史顯示，弱方贏得戰爭的比例，在二十世紀明顯高於十九世紀，因為他們已經學會避免與強勁對手硬碰硬。他們開始採取另類策略與戰法，包括游擊戰。

克里斯汀生教授的破壞式創新理論，正好凸顯出弱勢公司如何擊敗強大對手。克里斯汀生提到，強者一開始會讓出一小部分市場給弱者，或者根本完全無視他們。[18] 強者會讓破壞者贏得一些小戰役，讓他們可以改善自己的產品、並且獲利。他們賺得的錢，讓他們可以成長茁壯，並晉升到對手所處的市場。最後，破壞者會在對手的市場擊敗他們。克里斯汀生的研究指出，挑戰者如果想要一步登天、跨入競爭者的核心市場，幾乎不可能成功。大公司已經太強，而且一定積極保護既有市場。但它們往往自鳴得意，不認為新創的小公司會造成任何威脅。如此一來，小型業者便有機可乘。

八、適當運用均值回歸

每個人都會做預測。了解均值回歸的現象，對做預測是非常有幫助的。均值回歸在某種程度上可以說是平淡無奇。只要兩個變項之間並非完全相關，就會出現均值回歸。如果一般學生這星期和下星期都考一次試，那麼分數最高的學生下星期可能會得到較低的分數。因為兩次考試分數的相關係數小於1，所以會出現均值回歸。但這種看似平淡無奇的概念，其實卻不容易理解。均值回歸沒有任何原因；儘管如此，人類還是會出於本能地尋找原因。所以，我們必須花一些時間了解為什麼會有均值回歸效應、效應會有多大、還有當中的平均值究竟為何。

最常見的錯誤就是，當我們在預測未來事件時，卻沒有考量均值回歸的影響。康納曼舉了一個例子。裘莉是一位大四學生，他四歲的時候就能流利地閱讀文字。請試著估計她的學業成績平均點數（Grade Point Average; GPA）。康納曼提到，最常見的答案是 3.7（滿分為 4.0），遠高於平均。原因顯而易見，因為我們會很自然地認定，因為她很早熟，所以她的大學成績應該不錯。但事實上，我們小時候的閱讀能力與我們的大學成績，只有非常小的關連性。所以，裘莉 GPA 的合理預估值，應該要靠近她們班上的平均分數。即使他小時候早熟，但她的表現也會隨著時間向平均值靠攏：她會變成像是一般小孩一樣。[19]

均值回歸的效應，在極端值身上最為顯著。所以你要了解，當你看到非常好、或非常差的結果時，這種結果不太可能一直保持下去。這不代表好結果之後必然會出現壞結果，反之亦然；原則上，接下來的結果，應該會比較接近所有結果的平均值。

最重要的概念是，均值回歸的速度，會取決於兩次結果的相關係數。如果兩個變數的相關係數是 1，那就不會有均值回歸。如果相關性為 0，那麼接下最可能出現的結果，就是平均值。換言之，如果你的所作所為與結果並沒有相關性，你就會看到完全的均值回歸。所以，你每玩一次輪盤，不管之前是贏是輸，你都會預期接下來會出現小額損失。了解不同事件的相關性，將有助於我們進行預測。

九、利用有用的統計

我們每天都被統計數字所圍繞。我們也知道，並非所有統計數字都有相同價值。我們的目標，就是要開發、利用那些具有持續性和預測性的統計。持續性的意思是，隨著時間過去，相同的、或類似的事情會一再發生。如果一位狙擊手命中目標的機率是 99％，那麼你可以安心地預測，他下一次射擊依然可以命中目標。如果是隨機事件，這時候統計就沒有持續性。預測性則是代表，你所測量的數值會帶來你希望的結果。所以，當你知道狙擊手的成功率後，你幾乎可以肯定他能順利完成任務。

打棒球也是很好的例子。互相競爭的兩支球隊，都希望盡可能多得些分數，以贏得比賽。上壘率與球隊的得分數，有很強的正相關。上壘率也有很不錯的持續性，這是評估打者實力的好指標。反之，打擊率與球隊得分數的關聯性較弱。也就是說，打擊率的預測性較低。由於打擊率牽涉了較多運氣成分，因此其持續性也比較低。所以我們知道，球隊的上壘率其實是比較好的統計數據，可以讓我們預測該隊的進攻狀況。你不需要太多計算，就能得出這個結論。

看起來像是常識，對吧？讓人驚訝的是，很多公司使用的統計都跟自己的策略無關，也無助於提升企業獲利。此外，許多企業會用這些統計數據，來決定主管的薪酬。我們常說「一經度量，便能管理」（What gets measured, gets managed）。如果我們度量錯的東西，自然無法達成目標。

一旦測量了某個統計數據的持續性與預測性之後，我們就可以把各種不同活動放到同一個矩陣上，進行比較。我們就可以透過圖像，評估持續性與預測性之間的關係，並了解各種統計數據的內在價值。舉例來說，我們可以比較每股盈餘成長率，以及棒球的打擊率。這樣的比較，可以讓我們深入了解某種統計數據是否真的有用。

十、了解自己的局限

本書所探討的概念與工具，是希望提出一個具體方法，來解開個人能力與運氣的複雜關係。但重要的是，我們心裡仍應保持謙

第 11 章 ｜ 預測的藝術

卑。即使我們方向正確，我們還是有太多不知道、以及無法知道的事。

但擁有相關脈絡後，還是有許多幫助。透過書中許多案例，現在我們已經有以下結論：

- 能力可以解釋一支職業籃球隊在賽季中的九成表現
- 相較於營收成長率，每股盈餘成長與股東總回報的關連性其實更高。
- 高爸爸會生出高兒子，但兒子們的身高會比較接近所有兒子的平均值。

但是，很多時候，脈絡反而會導致預測變得更困難。例如，長期而言，共同基金有四成的機會可以打敗大盤，但如果經理人的操作風格跟對趨勢，他的成功機率可能明顯高於平均。此外，你選擇的樣本大小以及時間長度，也是關鍵。當然，你必須使用真實的資料。你必須在統計與脈絡之間取得平衡。

另一個限制，在於萬物都會變。遊戲規則會進化、可能有新的法規、群眾的行為也可能從理智變成瘋狂。在穩定的環境中，我們可以發展自己的能力，並做出完整預測。但是，如果事情出現變化，我們就無法參考過去的經驗。「運氣─個人能力」的光譜，可以幫助我們進行思考；但面對事情的變化，我們依舊難以掌握。

最後，在某些領域，統計其實無法派上用場。該領域的特色，就是具有複雜回報和極端結果；我們只能學著應付它。但我們必須謹慎，避免使用錯誤的方法。金融業最常見的重大損失，就是因為人們天真地把統計方法應用於黑天鵝的世界。

解構個人能力與運氣的目的，是要讓我們做出更好的猜測。我們都承認，生命中的每一件事都有能力與運氣的成分。但只有少數人能明白兩者的貢獻有多大，以及如何影響我們的表現。本書的目標，是要讓大家仔細思考個人能力與運氣，並提供一些分析方法來解開兩者的複雜關係。我們希望持續精進，才能做出好的猜測。

附錄
計算均值回歸的兩種方法

方法一

這個方法引用自湯姆・探戈（使用大聯盟 2011 年球季數據）

1. 算出所有球隊的勝率之標準差（觀察值）

標準差（觀察值）= 0.070524

2. 計算運氣的標準差（p = 0.500，n = 162）

$$標準差（運氣）= \sqrt{p^* \left(\frac{1-p}{n}\right)} = 0.039284$$

3. 計算觀察值與運氣的變異性

變異性（觀察值）＝標準差（觀察值）² ＝ 0.004974

變異性（運氣）＝標準差（運氣）² ＝ 0.001543

4. 計算個人能力的變異性

變異性（觀察值）＝變異性（個人能力）＋變異性（運氣）

變異性（個人能力）＝變異性（運氣）－變異性（觀察值）

變異性（個人能力）＝ 0.00343

5. 計算個人能力的標準差

標準差（個人能力）＝變異性（個人能力）^½ ＝ 0.05857

6. 找出讓標準差（個人能力）等於標準差（運氣）的比賽場數

當 n ＝ 73 場時

標準差（個人能力）＝ 0.05857

標準差（運氣）＝ 0.05852

7. 計算 c：整個賽季的比賽場數／整賽季場數＋均值回歸調整數

c ＝ 162/162 ＋ 73

c ＝ 0.69

如果一支球隊拿下 100 勝 62 負，勝率為 0.617，那麼估計的真正勝率為：

真正的勝率估算值 = 0.500 + c（勝率 − 0.500）
　　　　　　　　 = 0.500 + 0.69（0.617 − 0.500）
　　　　　　　　 = 0.581

真正的勝率估算值告訴我們，其戰績為 94 勝 68 負

方法二

以下方法是計算「詹姆斯—斯坦估量＼

等式如下：

估計的真正平均值 = 總平均 +
收縮因子（觀察平均值 − 總平均值）
估計的真正勝率 = 0.500 + c（勝率 − 0.500）

THE SUCCESS EQUATION

$$c = 1 - \frac{(k-3)\sigma^2}{\sum(y-\bar{y})^2}$$

Where

$$\sigma = \sqrt{\bar{y}\frac{(1-\bar{y})}{N}}$$

and

$$\bar{y} = 0.500$$

$$N = 162$$

so

$$\sigma = \sqrt{.500\frac{.500}{162}}$$

$$\sigma = 0.039284$$

$$\sigma^2 = 0.00.1543$$

and

$$k = 30$$

$$\sum(y-\bar{y})^2 = 0.1442$$

so

$$c = 1 - \frac{(30-3)(0.001543)}{0.1442}$$

$$c = 1 - \frac{0.0417}{0.1442}$$

$$c = 1 - 0.2892$$

$$c = 0.71$$

如果一支球隊得到 100 勝 62 負，勝率為 0.617，那麼估計的真正勝率為：

估計的真正勝率 = 0.500 + c（勝率 − 0.500）
　　　　　　 = 0.500 + .71（0.617 − 0.500）
　　　　　　 = 0.583

根據估計的真正勝率，其記錄為 94 勝 68 負。

表 A-1　每支球隊的勝率與聯盟平均 0.500 的差異數之平方

	2011 年球隊勝率	球隊勝率－平均	（球隊勝率－平均）^{2}
亞利桑納響尾蛇	58.0%	8.0%	0.6%
亞特蘭大勇士	54.9%	4.9%	0.2%
巴爾地摩金鶯	42.6%	－7.4%	0.5%
波士頓紅襪	55.6%	5.6%	0.3%
芝加哥白襪	43.8%	－6.2%	0.4%
辛辛那提紅人	48.8%	－1.2%	0.0%
克里夫蘭印地安人	49.4%	－0.6%	0.0%
科羅拉多落磯山	45.1%	－4.9%	0.2%
底特律老虎	58.6%	8.6%	0.7%
邁阿密馬林魚	44.4%	－5.6%	0.3%
休士頓太空人	34.6%	－15.4%	2.4%
堪薩斯皇家	43.8%	－6.2%	0.4%
安納罕天使	53.1%	3.1%	0.1%
洛杉磯道奇	50.9%	0.9%	0.0%
密爾瓦基釀酒人	59.3%	9.3%	0.9%
明尼蘇達雙城	38.9%	－11.1%	1.2%
紐約大都會	47.5%	－2.5%	0.1%
紐約洋基	59.9%	9.9%	1.0%
奧克蘭運動家	45.7%	－4.3%	0.2%
費城費城人	63.0%	13.0%	1.7%
匹茲堡海盜	44.4%	－5.6%	0.3%
聖地牙哥教士	43.8%	－6.2%	0.4%
舊金山巨人	53.1%	3.1%	0.1%
西雅圖水手	41.4%	－8.6%	0.7%
聖路易紅雀	55.6%	5.6%	0.3%
坦帕灣魔鬼魚	56.2%	6.2%	0.4%

附錄｜計算均值回歸的兩種方法命中注定

	2011 年球隊勝率	球隊勝率－平均	（球隊勝率－平均）^{2}
德州遊騎兵	59.3%	9.3%	0.9%
多倫多藍鳥	50.0%	0.0%	0.0%
華盛頓國民	49.7%	-0.3%	0.0%
標準差	0.070524	$\sum(y-\bar{y})^2$	0.1442

注釋

前言
1. Jennifer 8. Lee, The Fortune Cookie Chronicle: Adventures in the World of Chinese Food (New York: Twelve, 2008); Jennifer 8. Lee, "Who Needs Giacomo? Bet on a Fortune Cookie," New York Times, May 11, 2005; and Michelle Garcia, "Fortune Cookie Has Got Their Number," Washington Post, May 12, 2005.
2. Gary Belsky, "A Checkered Career: Marion Tinsley Hasn't Met a Man or Machine That Can Beat Him at His Game," Sports Illustrated, December 28, 1992.
3. Jonathan Schaeffer, "Marion Tinsley: Human Perfection at Checkers?" Games of No Change 26 (1996): 115-118.
4. Shlomo Maital, "Daniel Kahneman, Nobel Laureate 2002: A Brief Comment," The SABE Newsletter, Vol.10, No. 2, Autumn 2002, 2.
5. Daniel Kahneman and Amos Tversky, "On the Psychology of Prediction," Psychological Review 80, no. 4 (July 1973): 237-251.
6. Stanley Lieberman, "Modeling Social Processes: Some Lessons from Sports," Sociological Forum, Vol. 12, No. 1, March 1997, 11-35.
7. 嚴格來說，賽博計量學是用統計來研究棒球的學問，而賽博計量學家只專注在運動賽事上。這個詞是來自「SABR」，這是美國棒球研究學會 (Society for American Baseball Research) 的縮寫。我用這個詞來泛稱所有運動統計研究。
8. Richard A. Epstein, The Theory of Gambling and Statistical Logic, rev. ed. (San Diego, CA: Academic Press, 1977), xv..

第一章
1. Jeffrey Young, "Gary Kildall: The DOS That Wasn't," Forbes, July 7, 1997.
2. Harold Evans, They Made America: From the Steam Engine to the Search Engine: Two

Centuries of Innovations (New York: Little, Brown and Company, 2004), 402-417
3. Peyton Whitely, "Computer Pioneer's Death Probed—Kildall Called Possible Victim of Homicide, "Seattle Times, July 16, 1994.
4. "Bill Gates Answers Most Frequently Asked Questions," http://insidemicrosoft.blogspot.com/2004/12/bill-gates-faqd.html.
5. 舉例來說，見約翰・羅爾斯（John Rawls）的分配正義理論。羅爾斯主張，就算是「努力」這個通常與能力連在一起的事，都可能是教養帶來的幸運結果：「甚至連有意願付出努力、願意嘗試、然後在一般定義下去享受成果，這些事情其實是墊基於美滿的家庭和社會情境。」John Rawls, A Theory of Social Justice (Cambridge, MA: Belknap Press, 1971)。若需要羅爾斯的論點摘要，可參考 Michael J. Sandel, Justice: What's the Right Thing to Do? (New York: Farrar, Straus and Giroux, 2009); 還可參考 "Justice and Bad Luck," Stanford Encyclopedia of Philosophy at http://plato.stanford.edu/entries/justice-bad-luck/.
6. Webster's Ninth New Collegiate Dictionary (Springfield, MA: Merriam-Webster, Inc., 1988)
7. Nicholas Rescher, Luck: The Brilliant Randomness of Everyday Life (Pittsburgh, PA: University of Pittsburgh Press, 1995).
8. Gary Smith and Joanna Smith, "Regression to the Mean in Average Test Scores," Educational Assessment 10, no. 4 (November 2005): 377-399.
9. Kielan Yarrow, Peter Brown, and John W. Krakauer, "Inside the Brain of an Elite Athlete: The Neural Processes that Support High Achievement in Sports," Nature Reviews Neuroscience 10 (August 2009): 585-596.
10. Lisa B. Kahn, "The Long-Term Labor Market Consequences of graduating from College in a Bad Economy, ":Labour Economics 17, no. 2 (April 2010): 303-316; and Peter Coy, "The Youth Unemployment Bomb, "Bloomberg Business Week, February 2, 2011.
11. 「運氣就是當你準備充分、然後機會降臨」這句話，經常被認為是羅馬時代斯多亞學派哲學家塞內卡 (Lucius Annaeus Seneca) 所說，但我沒有找到任何證據顯示他真的說過、或寫過這段話。「我篤信運氣，而且我發現當我越努力、我的運氣就變得越好」這句話則被認為是美國總統傑佛遜（Thomas Jefferson）所說，但我同樣沒有找到他說這段話的證據。
12. Richard Wiseman, The Luck Factor: Changing Your Luck, Changing Your Life: The Four Essential Principles (New York: Miramax, 2003). 類似的文章還考參考 Ed Smith, Luck: What It Means and Why It Matters (London: Bloomsbury, 2012); Steve Gillman, Secrets of Lucky People: A Study of the Laws of Good Luck (Denver, CO: Outskirts Press, 2008); Max Gunther, The Luck Factor: Why Some People Are Luckier than Others and How You Can Become One of Them (Petersfield, UK: Harriman House, 2009); Thor Muller and Lane Becker, Get Lucky: How to Put Planned Serendipity to Work for You and Your Business (San Francisco, CA: Jossey-Bass, 2012); and Barrie Dolnick and Anthony H. Davidson, Luck: Understanding Luck and Improving the Odds (New York: Harmony Books, 2007).
13. Wiseman, The Luck Factor, 23-27.
14. Webster's Ninth New Collective Dictionary (Springfield, MA: Merriam-Webster, Inc. 1988)

15. Testimony of Annie Duke, House Committee on the Judiciary, "Establishing Consistent Enforcement Policies in the Context of Internet Wagers, "November 14, 2007; 也可参考 Steven D. Levitt and Thomas J. Miles, "The Role of Skill Versus Luck in Poker: Evidence from the World Series of Poker, "NBER working paper 17023, May 2011.
16. Stan Browne, Deb Clarke, Peter Henson, Frida Hristofski, Vicki Jeffreys, Peter Kovacs, Karen Lambert, Danielle Simpson, with the assistance of Australian Institute of Sport, PDHPE Application & Inquiry, 2nd ed. (Melbourne, Australia: Oxford University Press, 2009), 150-151.
17. Sian Beilock, Choke: What the Secrets of the Brain Reveal About Getting It Right When You Have To (New York: Free Press, 2010).
18. K. Anders Ericsson, "The Influence of Experience and Deliberate Practice pm the Development of Superior Expert Performance,," in The Cambridge Handbook of Expertise and Expert Performance, ed. K. Anders Ericsson, Neil Charness, Paul J. Feltovich, and Robert R. Hoffman (Cambridge, UK: Cambridge University Press, 2006), 683-703; and K. Anders Ericsson, Ralf Th. Krampe, and Clemens Tesch- Römer. "The Role of Deliberate Practice in Acquisition of Expert Performance," Psychological Review 100, no. 3 (July 1993): 363-406.
19. Ben Mezrich, Bringing Down the House: The Inside Story of Six MIT Students Who Took Vegas for Millions (New York: Free Press, 2003).
20. Jeffrey Ma, The House Advantage: Playing the Odds to Win Big in Business (New York: Palgrave McMillan, 2010), 138.
21. Philip E. Tetlock, Expert Political Judgment: How Good Is It? How Can We Know? (Princeton, NJ: Princeton University Press, 2005)
22. William Poundstone, Priceless: The Myth of Fair Value (and How to Take Advantage of It)(New York: Hill and Wang, 2010), 199.
23. National Basketball Association (2007-2011), Premier League (2007-2011), Major League Baseball, (2007-2011), and National Football League (2007-2011).
24. Howard Wainer, Picturing the Uncertain WorldL How to Understand, Communicate, and Control Uncertainty Through Graphical Display (Princeton, NJ: Princeton University Press, 2009), 5-15; also Howard Wainer, "The Most Dangerous Equation, "American Scientist (May-June 2007): 249-256.
25. Wainer, Picturing the Uncertain World, 8-11.
26. Ibid., 11-14.
27. Stanely Lieberson, "Small N's and Big Conclusions: An Examination of the Reasoning in Comparative Studies Based on a Small Number of Cases, "Social Forces 70, no. 2 (December 1991): 307-320.
28. Michael E. Raynor, Mumtaz Ahmed, and Andrew D. Henderon, A Random Search for Excellence: Why "Great Company" Research Delivers Fables and Not Facts (Deloitte Research: December 2009); and Andrew D. Henderson, Michael E. Raynor, and Mumtaz Ahmed, "How Long Must a Firm Be Great to Rule Out Luck? Benchmarking Sustained Superior Performance Without Being Fooled By Randomness," Strategic Management Journal 33, no.4 (April 2012):

387-406.
29. Stephen M. Stigler, Statistics on the Table: The History of Statistical Concepts and Methods (Cambridge, MA: Harvard University Press, 1999), 173-188.
30. Nassim Nicholas Taleb, The Black Swan: The Impact of the Highly Improbable, 2nd ed. (New York: Random House, 2010), 361-373.

第二章
1. 可參考 http://www.simonsingh.net/media/online-videos/699-2/.
2. John Lewis Gaddis, The Landscape of History: How Historians Map the Past (Oxford: Oxford University Press, 2002), 31.
3. Jonathan Gottschall, The Storytelling Animal: How Stories Make Us Human (Boston, MA: Houghton Mifflin Harcourt, 2012); 亦可參考 Brian Boyd, On the Origin of Stories: Evolution, Cognition, and Fiction (Cambridge, MA: The Belknap Press, 2009), 155-158; and Robyn M. Dawes, Everyday Irrationality (Boulder, CO: Westview Press, 2001).
4. Lewis Wolpert, Six Impossible Things Before Breakfast: The Evolutionary Origins of Belief (London: Faber and Faber, 2006); 亦見 Wolpert's Michael Faraday lecture for the Royal Society in 2000, http://royalsociety.org/events/2001/science-belief/.
5. Michael S. Gazzaniga, The Ethical Brain: The Science of Our Moral Dilemmas (New York: Harper Perennial, 2006), 148.
6. Michael S. Gazzaniga, Human: The Science Behind Wat Makes Us Unique (New York: HarperCollins, 2008), 294; 亦可參考 Michael S. Gazzaniga, "The Split Brain Revisited, Scientific American, July 1998, 50-55. 其他關於這個議題的來源，見 Richard Nisbett and Lee Ross, Human Inference: Strategies and Shortcomings of Social Judgment (Englewood Cliffs, NJ: Prentice-Hall, 1980).
7. Steven Pinker, The Blank Slate: The Modern Denial of Human Nature (New York: Viking, 2002), 43.
8. Hayden White, Metahistory: The Historical Imagination in Nineteenth-Century Europe (Baltimore, MD: The Johns Hopkins University Press, 1973), 5-7.
9. 哥倫比亞大學 (University of Columbia) 哲學教授亞瑟‧丹托 (Arthur Danto) 就在分析歷史學家做的事。他認為，敘事句 (Narrative sentences) 正是這份工作的根本。敘事句包含了個人對於結果的想法。例如，你可能會說，「史密斯表示，致勝球出手時，他覺得手感很好。」這就是一個敘事句，因為你必須先知道史密斯的球隊已經贏球，那麼「致勝球」的說法才合理。史密斯投球時也許覺得手感很好，但他無法肯定這一球可以讓他們贏得比賽。丹托認為，敘事句是歷史學家解釋事件的基礎，因為如果不是這樣的話，史學家只能如編年史般記載事實，無法提出脈絡。各種事件發生時，我們都無法完全了解它們的意義，除非背後的脈絡已經浮現。你必須先有故事的結局，才能合理化中間發生的事。
10. 當我們知道故事的結局時，我們就會梳理手上擁有的各種事實，希望了解為什麼故事的結局會是如此。我們沒有其他方法。認真的歷史學家當然知道自己必須非常謹慎地尋找原因，但他們也明白，找出事件的原因就是他們的工作。常見的錯誤就是過度簡化事件成因，認為原因只有一個－但事實上卻有許多原因。例如，如果你問「一次世界大戰的原因為何？」你會發現各種不同答案。斐迪南大公 (Archduke Franz Ferdinand) 在塞拉耶佛遇刺固然促成了一次大戰爆發，但這是戰爭的原因嗎？參考 Arthur Danto, Analytical Philosophy of History (Cambridge, UK: Cambridge University Press, 1965)。關於歷史的精彩討論以及我們可以從中學習的事，可參考 Duncan J. Watt, Everything Is Obvious*: *Once You Know the Answer (New York: Crown Business, 2011), 113-143; 以及 Edward Hallett Carr, What Is History? (New York: Vintage Books, 1961), 113-143. Gaddis 針對因果關係提出了三大分類。首先是時間：如果原因與結果的間隔時間很近，其重要性就變高；反之若相隔很久，則重要性就降低。其次，他提到特定原因與一般性原因。如果有登山客失足摔落山谷而死，那麼地心引力就是一般性原因，而當其遭遇的特殊情況則是特定原因。一般性原因是必要條件、非充分條件；特定原因則是難以事先預測的「失足」。第三種分類則是事實與反事實，這是在思考事情的可能性。當然事件的發展情況只有一種，但反事實思考會去想，事情有沒有其他的可能性。反事實思考就好像在實驗室裡，大家會問，如果我們重複這個實驗，究竟會看到什麼結果？可參考 Gaddis, 91-109. 更多關於反事實的詳細討論，可參考 Philip E. Tetlock, Richard Ned Lebow, and Geoffrey Parker, eds., Unmaking the West: "What-If?" Scenarios That Rewrite World History (Ann Arbor, MI: The University of Michigan Press, 2006).

11. Nassim Nicholas Taleb, Fooled by Randomness: The Hidden Role of Chance in Life and in the Markets—Second Edition (New York: Thomson Texere, 2004), 210.
12. Baruch Fischhoff, "Hindsight ≠ Foresight: The Effect of Outcome Knowledge on Judgment Under Uncertainty," Journal of Experimental Psychology: Human Perception and Performance, Vol. 1, no. 3 (August 1975): 288-299.
13. John Glavin, 與作者的個人書信往來。
14. Jim Collins, Good to Great: Why Some Companies Make the Leap…and Others Don't (New York: Harper Business, 2001).
15. Jerker Denrell, "Vicarious Learning, Undersampling of Failure, and the Myths of Management," Organization Science, Vol. 14, No. 3, May-June 2003, 227-243.
16. Michael E. Raynor, The Strategy Paradox: Why Commitment to Success Leads to Failure (and What to Do about IT) (New York: Currency Doubleday, 2007), 18-49.
17. Ibid., 37.
18. John P.A. Ioannidis, "Why Most Published Research Findings Are False," PLoS Medicine, Vol. 2, No. 8, August 2005, 696-701.
19. John P.A. Ioannidis, MD, "Contradicted and Initially Stronger Effects in Highly Cited Clinical Research," The Journal of American Medical Association, Vol. 294, No. 2, July 13, 2005, 128-228.
20. David H. Freeman, "Lies, Damned Lies and Medical Science," The Atlantic, November 2010.
21. J. Bradford DeLong and Kevin Lang, "Are All Economic Hypotheses False?" Journal of Political Economy 100, no. 6 (December 1992):1257-1272.
22. Don A. Moore, Philip E. Tetlock, Lloyd Tanlu, and Max H Bazerman, "Conflicts of Interst and

the Case of Auditor independence: Moral Seduction and Strategic Issue Cycling, "Academy of Management Review 31, no. 1 (January 2006): 10-29.
23. 關於針對這種取徑的嚴正批評，可參考 Stephen T. Ziliak and Deidre N. McCloskey, The Cult of Statistical Significance: How the Standard Error Costs Us Jobs, Justice, and Lives (Ann Arbor, MI: The University of Michigan Press, 2008).
24. Fiona Mathews, Paul J. Johnson, and Andrew Neil, You Are What Your Mother Eats: Evidence for Maternal Preconception Diet Influencing Foetal Sex in Humans," Proceedings of the Royal Society B 275, no. 1643 (July 22, 2008): 1661-1668.
25. S. Stanley Young, Heejung Bang, and Kutluk Oktay, "Cereal-Induced Gender Selection? Most Likely a Multiple Testing False Positive," Proceedings of The Royal Society B 276, no. 1660 (April 7, 2009): 1211-1212.
26. Boris Groysberg, Chasing Stars: The Myth of Talent and the Portability of Performance (Princeton, NJ: Princeton University Press, 2010).
27. Groysberg, 63.
28. Boris Groyberg, Lex Sant, and Robin Abrahams, "When "Stars" Migrate, Do They Still Perform Like Stars?" MIT Sloan Management Review 50, no. 1 (Fall 2008): 41-46.
29. 還有兩個案例，就是賭徒的謬誤 (Gambler's Fallacy) 和順手的謬誤 (Hot-hand Fallacy)。賭徒的謬誤指的是，人們以為隨機產生的結果會回復到具有系統性。舉例來說，如果你擲銅板連續三次都出現人頭，那麼他就預期接下來有七成的機率會出現文字。原因在於，人們預期短期的連續結果應該會與母體的狀況相似，所以人頭與文字出現的機率應該大致相等。至於順手的謬誤則是預期某種隨機的連續結果會保持下去。舉例來說，一個連進三球的籃球員，大家認為他第四球還會投進，因為他「手感發燙」。也就是說，連續的成功讓個人高估了能力的重要性，因此也高估了繼續成功的機率。若要了解這類謬誤的理論性探討，可參考：Matthew Rabin and Fimitri Vayanos, "The Gamlber's Fallacy and Hot-Hand Fallacies: Theory and Application," Review of Economic Studies, Vol. 77, No. 2, April 2010, 730-778. 關於這類謬誤的影響之實證研究，可參考：Rachel Croson and James Sundali, "The Gambler's Fallacy and the Hot Hand: Empirical Data from Casinos," Journal of Risk and Uncertainty, Vol. 30, No. 3, May 2005, 195-209.

第三章

1. 見 Adam Horowitz, David Jacobson, Tom McNichol, and Owen Thomas, "101 Dumbest Moments in Business," Business 2.0, January 2007 以及 John Carney, "Playboy Chicks Crush Legg Mason," Dealbreaker, January 4, 2007.
2. Nassim Nicholas Taleb, The Black Swan: The Impact of the Highly Improbable, 2nd ed. (New York: Random House, 2010), 38-50; and Michael J. Mauboussin, Think Twice: Harnessing the Power of Counterintuition (Boston: Harvard Business Press, 2009), 107-108.
3. Matthew Rabin and Dimitri Vayanos, "The Gambler's Fallacy and Hot-Hand Fallacies: Theory and Application," Review of Economic Studies 77, no. 2 (April 2010): 730-778. 關於賭徒的謬誤為何在生活中其他領域不適用，請參考 Steven Pinker, How the Mind Works (New York: W.

W. Norton & Company, 1997), 346-347. 關於這個主題的經典論文，可參考 Amos Tversky and Daniel Kahneman, "Belief in the Law of Small Numbers," Psychological Bulletin 76, no. 2(1971): 105-110.
4. 比賽的架構也很重要。菲爾・波恩邦 (Phil Birnbaum) 用籃球和棒球的對比來說明這一點。在籃球場上，一支球隊持球大約一百次，其中一半的機會可以得分；在棒球場上，每支球隊只有四十次登板打擊機會，大約四成的機會可以上壘。所以，相較於棒球，籃球是比較容易展現強弱的運動。籃球場上得分較高的球隊就贏球；但是棒球場上，上壘次數較多的球隊不一定贏。贏球的關鍵在於，必須要有夠多球員上壘，而且安打要集中。籃球是由五個球員決定輸贏；棒球的輸贏由九個球員共同分攤。最後，籃球場上一個球員可以掌握球隊四成的出手次數，而最強的棒球打者在九局中也不過只有稍多一點的登板機會。最後兩點，會增加超級明星的重要性，見 Phil Birnbaum, "The Wages of Wins': Right Questions, Wrong Answers," By the Number 16, no.2 (May 2006): 3-8.
5. 可參考 William Feller, An Introduction to Probability Theory and Its Application, Volume 1, Third Edition (New York: John Wiley & Sons, 1968).
6. 用技術詞彙來說，當運氣的分布之變異性夠大、甚至大過運氣的分布變異性，那麼短期來看，有能力的人就可能表現失常、而沒能力的人也可能表現出色。變異性主要是呈現樣本的分配有多發散。把運氣分配與能力分配的變異性相除，若這個比例越高、那就表示運氣對結果的影響力更大。嚴格來說，當能力與運氣呈現常態分配時，這種說法才成立。這些分配可以用平均數 (μ) 和標準差 (σ) 來呈現。我們也會考慮非常態的分配。
7. 打擊率是用安打數除以打數。打數指的是打者站上打擊區的次數，扣掉被保送或被觸身球的次數。見 Stephen Jay Gould, Triumph and Tragedy in Mudville: A Lifelong Passion for Baseball (New York: W. W. Norton & Company, 2004), 151-172.
8. 演化生物學家用所謂的「紅皇后效應」(Red Queen Effect) 來形容類似的現象，也就是作家路易斯・卡羅 (Louis Carroll) 在《愛麗斯鏡中奇遇》(Through the Looking Glass) 所說的，「你必須盡可能用力跑，才能讓你維持在原本的位置」。這個概念是要傳達，物種會一起演化，來維持競爭的平衡。可參考暢銷作品 Matt Ridely, The Red Queen: Sex and the Evolution of Human Nature (New York: Macmillan, 1994).
9. Wilbert M. Keonard II, "The Decline of the .400 Hitter: An Explanation and a Test," Journal of Sport Behavior 18, no. 3 (September 1995): 226-236.
10. Phil Rosenzweig, The Halo Effect…and the Eight Other Business Delusions That Deceive Managers (New York: Macmillan, 1994),
11. John Brenkus, The Perfection Point: Sport Science Predicts the Fastest Man, The Highest Jump, and the Limits of Athletic Performance (New York: HarperCollins, 2010), 207-222.
12. Malcolm Gladwell, Outliers: The Story of Success (New York: Little, Brown and Company, 2008).
13. Ibid., 37.
14. 關於迪馬喬連續安打場次的解釋，可參考 Kostya Kennedy, 56: Joe DiMaggio and the Last Magic Number in Sports (New York: Sports Illustrated Books, 2011); 以及 Michael Seidel, Streak: Joe DiMaggio and the Summer of '41 (New York: McGraw Hill, 1988).

15. Gould, Triumph and Tragedy in Mudville,
16. Ibid.
17. 我拿三成的打者與兩成的打者相比,其實有好幾個簡化的前提;例如,我假設每次上場打擊的安打機率是固定,而且彼此獨立的。事實上並非完全如此。但這並不影響我的論點:能力強的打者比較容易連續出現好表現。相關引用,可見 Gould, Triumph and Tragedy in Mudville, 185-186.
18. 詹姆斯─斯坦估量 (The James-Stein Estimator) 是史丹佛大學 (Stanford University) 統計學家查理斯・斯坦 (Charles Stein) 所提出「斯坦的矛盾」(Stein's Paradox) 的進一步修正。斯坦的研究結果一開始被認為是矛盾的,因為它提供了一個估計真正平均值的方法,儘管我們已經有三個以上的估計平均值、然後算出其算數平均,但斯坦的方法還是更準確。(當我們只有兩個、或不到兩個平均數的時候,算數平均依然比較有效。) 斯坦的矛盾與傳統統計理論相悖;傳理論認為,沒有比觀察平均更好的估計方式。關於斯坦的矛盾的討論,可參考:Bradley Efron and Carl Morris, "Stein's Paradox in Statistics," Scientific American, Vol. 236, No. 5, May 1977, 119-127; Stephen M. Stigler, "The 1988 Neyman Memorial Lecture: A Galtonian Perspective on Shrinkage Estimators," Statistical Science, Vol. 5, No. 1, February 1990, 147-155; Bradley Efron and Carl Morris, "Data Analysis Using Stein's Estimator and Its Generalizations," Journal of American Statistical Association, Vol. 70, No. 350, June 1975, 311-319.
19. Efron and Morris, "Stein's Paradox in Statistics."

第四章

1. 如果要了解如何打敗賭場優勢,可參考 David Sklansky, Getting the Best of It (Henderson, NV: Two Plus Two Publishing 2001), 199-212.
2. 見 Mike J Dixon, Kevin A. Harrigan, Rajwant Sandhu, Karen Collins, and Jonathan A. Fugelsang, "Losses Disguised as Wins in Modern Multi-line Video Slot Machines, "Addiction, Vol. 105, No. 10, October 2010, 1819-1824.
3. David L. Donoho, Robert A. Crenian, and Matthew H. Scanlan, "Is Patience a Virtue? The Unsentimental Case for the Long View in Evaluating Returns," Journal of Portfolio Management (Fall 2010): 105-120.
4. 當使用直覺判斷時,這也是非常重要。可參考 Eric Bonabeau, "Don't Trust Your Gut," Harvard Business Review, May 2003, 116-123; David G. Myers, Intuition: Its Powers and Perils (New Haven, CT: Yale University Press, 2002),
5. Walter A. Schewhard, Statistical Method from the Viewpoint of Quality Control (1939; rep. New York: Dover, 1985).Young Hoon Kwak and Frank T. Anbari, "Benefits, Obstacles, and Future of Six Sigma Approach," Technovation 26, nos. 5-6 (May-June 2006): 708-715,
6. Philip E. Tetlock, Expert Political Judgment: How Good Is It? How Can We Know? (Princeton, NJ: Princeton University Press, 2005). 也可參考 Dan Gardner, Future Babble: Why Expert Predictions Are Next to Worthless, and You Can Do Better (New York: Dutton, 2011). 也可

參　考 Dan Gardner and Philip Tetlock, "Overcoming Our Aversion to Acknowledging Our Ignorance," Cato Unbound, July 2011.
7. Michael J. Mauboussin, Think Tice: Harnessing the Power of Couterintuition (Boston, MA: Harvard Business Press, 2009), 101-118.
8. 見 http://www.advancednflstats.com/2007/08/luck-and-nfl-outcomes.html
9. William M.K. Trochim and James P. Donnelly, The Research Methods Knowledge Base, Third Edition (Mason, OH: Atomic Dog, 2008), 80-81. 關於此主題的精彩討論，可參考 Phil Birnbaum, "On Why Teams Don't Repeat," Baseball Analyst, February 1989.
10. William M.K. Trochim and James P. Donnelly, The Research Methods Knowledge Base, 3rd ed. (Mason, OH: Atomic Dog, 2008), 80-81. 關於此主題的精彩討論，可參考 Phil Birnbaum, "On why Teams Don't Repeat," Baseball Analyst, February 1989.
11. 根據維基百科，「湯姆•坦戈」是一位運動統計專家之化名，而他的身分並未公開。他也是知名賽博計量學著作 The Book 的共同作者。你可以在以下網址看到關於變異性與個人能力討論：http://www.insidethebook.com/ee/index.php/site/article/true_talent_levels_for_sports_league/。若要了解如何在二元模型外更進一步，可參考 Tom M. Tango, Mitchel G. Lichtman, and Andrew E. Dolphin, The Book: Playing the Percentages in Baseball (Washington, DC: Potomac Books, 2007), 365-382.
12. Ian Stewart, Game, Set and Math: Enigmas and Conundrums (Mineolla, NY: Dover Publications, 1989), 15-30.
13. Martin B. Schmidt and David J. Berri, "On the Evolution of Competitive Balance: The Impact of and Increasing Global Search," Economic Inquiry 41, no. 4 (October 2003): 692-704; and David J, Berri, Stacey L, Brook, Bernd Frick, Aju J. Fenn, and Roberto Vincente-Mayoral, :The Short Supply of Tall Peopl: Competitive Imbalance and the National Basketball Association," Journal of Economic Issues 39, no.4 (December 2005): 1029-1041.
14. 在現實世界中，職業運動員與一般平均人口的表現差距大約是四個標準差、甚至更多。關於相關討論、或是要了解為什麼職業運動員位於能力分配曲線的最右方但他們的能力卻呈現常態分配，可參考 Tom Tango 的論文：Talent Distributions," at http://tangotiger.net/talent.html.
15. Martin B. Schmidt and David J. Berri, "Concentration of Playing Talent: Evolution in Major League Baseball," Journal of Sports Economics, Vol. 6, No. 4, November 2005, 412-419.
16. NBA 身高統計來自 www.basketball-reference.com.
17. Berri, Brook, Frick, Fenn, and Vicent-Mayoral, "The Short Supply of Tall People." 這個結論也曾被挑戰。可參考 Phil Birnbaum, "'The Wages of Wins': Right Questions, Wrong Answers." By the Numbers 16, no. 2 (May 2006): 3-8. Birnbaum 認為，球員表現不平衡，主要反映了比賽的結構，而不是球員組成的問題。
18. Daniel H. Pink, Drive: The Surprising Truth About What Motivates Us (New York: Riverhead Books, 2009), 29-32.
19. 包威爾使用吉尼係數 (Gini coefficient) 來進行測量。這項係數是由義大利統計學家克拉多•吉尼 (Corrado Gini) 所創，目的是要衡量所得分配的不平等。〇代表完全平等，而

331

THE SUCCESS EQUATION

一‧則是完全不平等。包威爾發現，美國企業的平均吉尼係數為〇‧六〇，標準差為〇‧二四。他發現，非工業部門的平均吉尼係數為〇‧五六，標準差則與工業部門完全相同。參考 Thomas C. Powell, "Varieties of Competitive Parity," Strategic Management Journal 24, no. 1 (January 2003): 61-86; 以及 Thomas C. Powell and Chris J. Lloyd, "Toward a General Theory of Competitive Dominance: Comments and Extensions on Powell (2003)," Strategic Management Journal 26, no, 4 (April 2005)L 385-394.

20. Andrew D. Henderson, Miichael E. Raynor, and Mumtaz Ahmed, "How Long Must a Firm Be Great to Rule Out Luck? Benchmarking Sustained Superior Performance Without Being Fooled By Randomness," Strategic Management Journal 33, no. 4 (April 2012): 387-406.
21. Charles MacKay, Extraordinary Delusions and the Madness of Crowds (New York: Three Rivers Press, 1995).
22. John C. Bogle, Common Sense on Mutual Funds: Fully Updated 10th Anniversary Issue (Hoboken, NJ: John Wiley & Sons, 2010).
23. Werner F. M. De Bondt and Richard H. Thaler, "Anomalies: A Mean-Reverting Walk Down Wall Street," Journal of Economic Perspectives, Vol. 3, No. 1, Winter 1989, 189-202.
24. Mark Grinblatt and Sheridan Titman, "The Persistence of Mutual Fund Performance," Journal of Finance, Vol. 47, No. 5, December 1992, 1977-1984; Darryll Hendricks, Jayendu Patel, and Richard Zeckhauser, "Hot Hands in Mutual Funds: Short-Run Persistence of Relative Performance, 1974-1988," Journal of Finance, Vol 48, No. 1, March 1993, 93-129; Stephen J. Brown and William N. Goetzmann, "Performance Persistence," Journal of Finance, Vol. 50, No. 2, June 1995, 679-698; 若要了解反對論點，見 Mark M. Carhart, "On the Persistence in Mutual Fund Performance," Journal of Finance, Vol. 52, No. 1, March 1997, 57-82. 當研究人員調整了股票報酬的因素後，持續性就會大幅減弱。當然，這也可能是因為基金經理人刻意要暴露於這種因素的影響。
25. Charles D. Ellis, "The Loser's Game," Financial Analysts Journal, Vol. 31, No. 4, July-August 1975, 19-26.
26. Peter L. Bernstein, "Where, Oh Where are the .400 Hitters of Yesteryear?" Financial Analysts Journal, Vol. 54, No. 6, November-December 1998, 6-14.
27. Russ Wermers, "Mutual Fund Performance: An Empirical Decomposition into Stock-Picking Talent, Style, Transactions Costs, and Expenses," Journal of Finance, Vol. 55, No. 4, August 2000, 1655-1659; Laurent Barras, Olivier Scaillet, and Russ Wermers, "False Discoveries in Mutual Fund Performance: Measuring Luck in Estimated Alphas," Journal of Finance, Vol. 65, No. 1, February 2010, 179-216.

第五章

1. Ronald Blum, Werth Agrees to $126 million, 7-yr deal with Nats," AP Sports, December 5, 2010.
2. Craig Calcaterra, 'Scott Boas explains the Jayson Werth contract," HardballTalk, February 3,

2011.
3. Robert K. Adair, Ph.D., The Physics of Baseball: Revised, Updated, and Expanded (New York: HarperCollins, 2002), 29-46. 也可參考 Michael Sokolove, "For Derek Jeter, on His 37th Birthday," New York Times Magazine, June 23, 2011.
4. David Epstein, "Major League Vision," Sports Illustrated, August 8, 2011.
5. Irving Herman, Physics of the Human Body (New York: Springer, 2007), 285.
6. Richard Schulz and Christine Curnow, "Peak Performance and Age Among Superathletes: Track and Field, Swimming, Baseball, Tennis, and Gold." Journal of Gerontology, vol. 43, No. 5, September 1988, 113-120; Scott M. Berry, C. Shahe Reese, and Patrick Larkey, "Bridging Different Eras in Sports, " in Anthology of Statistics in Sports, Jim Albert, Jay Bennett, and James J. Cochran, eds. (Philadelphia, PA and Alexandria, VA: ASA-SIAM Series on Statistics and Applied Probability, 2005). 209-224; "How Important is Age?" www.pro-football-reference.com/articles/age.htm; Tom Tango, "Aging Patterns," www.tangotiger.net/aging.html; Brian Burke, "How Quarterbacks Age," Advanced NFL Stats, August 30, 2011; J.C. Bradbury, "How Do Baseball Players Age?" Baseball Prospectus, January 11, 2010; Alain Hache, Ph.D. and Pierre P. Ferguson, BSc. "Hockey fitness with age." www.thephysicsofhocky.com; Joe Baker, Janice Deakin, Sean Horton, and G. William Pearce, "Maintenance of Skilled Performance With Age: A Descriptive Examination of Professional Golfers," Journal of Aging and Physical Activity, Vol.15, No. 3, July 2007, 299-316; J.C. Bradbury, "When Gender Matters and When It Doesn't," www.sports-reference.com/olympics/blog/?p=115.
7. 從顛峰表現的數據也可也看到一些有趣的現象。我們發現，若是需要力量與速度的運動，那麼女性會比男性更早達到顛峰。另外，多數運動的顛峰表現年齡，都一直保持相對穩定。舉例來說，冰上曲棍球選手大多在二十五歲前後達到頂點。不過，顛峰表現的絕對水準，這幾年已經進步許多。需要計時的運動尤其明顯，包括跑步、游泳和划船。例如，羅傑‧班尼斯特(Roger Bannister)在1954年的5月6日，以三分五十九‧四秒跑完一英里。如今，世界記錄是三分四十三‧一三秒，由摩洛哥籍的希查姆‧艾爾‧奎羅伊(Hicham El Guerrouj)保持。
8. Melissa L. Finucane and Christina M. Gullion, "Developing a Tool for Measuring the Decision-Making Competence of Older Adults," Psychology and Aging, Vol. 25, No. 2, June 2010, 271-288.
9. Gary Klein, Sources of Power: How People Make Decisions (Cambridge, MA: MIT Press, 1998).
10. Ray C. Fair, "Estimated Age Effects in Athletic Events and Chess," Experimental Aging Research, Vol. 33, No. 1, January-March 2007, 37-57.
11. Daniel Kahneman and Gary Klein, "Conditions for Intuitive Expertise: A Failure to Disagree," American Psychologist, Vol. 64, No. 6, September 2009, 515-526.
12. Tibor Besedes, Cary Deck, Sudipta Sarangi, and Mikhael Shor, "Age Effects and Heuristics in Decision Making," The Review of Economics and Statistics, forthcoming. 另外可參考 Tibor Besedes, Cary Deck, Sudipta Sarangi, and Mikhael Shor, "Decision-making Strategies and

Performance among Seniors," Journal of Economic Behaviour and Organization, forthcoming.
13. George M. Korniotis and Alok Kumar, "Do Older Investors Make Better Investment Decisions?" The Review of Economics and Statistics, Vol. 93, No. 1, February 2011, 244-265. 研究人員在共同基金經理人身上也發現了類似結果。可參考 Judith Chevalier and Glenn Ellison, "Are Some Mutual Fund Investors Better Than Others? Cross-Sectional Patterns in Behavior and Performance." Journal of Finance, Vol. 54, No. 3, June 1999, 875-899. Chevalier and Ellison 寫道,「年紀大的經理人,其表現比年輕的差的多。統計上來看,如果一個經理人的年齡比其他人大一歲,那麼他創造的回報會比別人低八·六個基準點。」
14. Raymond B. Cattell, "Theory of Fluid and Crystallized Intelligence: A Critical Experiment," Journal of Educational Psychology, Vol. 54, No.1, February 1963, 1-22.
15. 關於下滑的原因,可參考 Julie M. Bugg, Nancy A. Zook, Edward L. Delosh, Deana B. Davalos, and Hasker P. Davis, "Age Difference in Fluid Intelligence: Contributions of General Slowing and Frontal Decline," Brain and Cognition, Vol. 62, No. 1, October 2006, 9-16. 關於變異不變的討論,可參考 Timothy A. Salthouse, "What and When of Cognitive Aging, "Current Directions in Psychological Science, Vol. 13, No. 4, August 2004, 40-144.
16. Sumit Agaweal, John C. Driscoll, Zavier Gabaix, and David I. Laibson, "The Age of Reason: Financial Decisions over the Life Cycle and Implications for Regulation, "Brookings Papers on Economic Activity (Fall 2009): 51-117.
17. Finucane and Gullion.
18. Agarwal et al., "The Age of Reason."
19. David W. Galenson, Old Masters and Young Geniuses: Two Life Cycles of Artistic Creativity (Princeton, NJ: Princeton University Press, 2006).
20. Jonah Lehrer, "Fleeting Youth, Fading Creativity, "The Wall Street Journal, February 19, 2010.
21. Keith E. Stanovich, What Intelligence Tests Miss: The Psychology of Rational Thought (New Haven, CT: Yale University Press, 2009), 15.
22. Ibid., 63-66.
23. Keith E. Stanovich, "The Thinking that IQ Tests Mss," Scientific American Mind, November/December 2009, 34-39.
24. Stanovich, What Intelligence Tests Miss, 145
25. Gerd Gigerenzer, Calculated Risks: How to Know When Numbers Deceive You (New York: Simon & Shuster, 2002).
26. Finucane and Gullion.
27. Bartley J. Madden, CFROI Valuation: A Total System Approach to Valuing the Company (Oxford, UK: Butterworth-Heinemann, 1999), 18-63.
28. Robert R. Wiggins and Timothy W. Ruefli, "Sustained Competitive Advantage: Temporal Dynamics and the Incidence and Persistence o Superior Economic Performance," Organization Science, Vol. 13, No, 1, January-February 2002, 82-105. 也可參考 Robert R. Wiggins and Timothy W. Ruefli, "Schumpeter's Ghost: Is Hypercompetition Making the Best Time Shorter?" Strategic Management Journal, Vol. 26, No. 10, October 2005, 887-911; 以及 L.G. Thomas and

Richard D'Aveni, "The Rise of Hypercompetition From 1950-2002: Evidence of Increasing Industry Destabilization and Temporary Competitive Advantage, "Working Paper, October 11, 2004. 關於年齡與績效的討論，可參考 Claudio Loderer and Urs Waelchli, "Firm Age and Performance, "Working Paper, January 24, 2011.

29. James G. March, "Exploration and Exploitation in Organizational Learning, "Organization Science 2, no. 1 (February 1991): 71-87.

第六章

1. Jennifer Ordonez, "Pop Singer Fails to Strike a Chord Despite Millions Spent by MCA," Wall Street Journal, February 26, 2002. 漢納希後來以卡莉・史密森 (Carly Smithson) 的名字 (冠夫性) 重返歌壇，在 2008 年美國偶像 (American Idol) 競賽中奪得第六名。
2. Bill Carter, "Top Managers Dismissed at ABC Entertainment," New York Times, April 21, 2004. 此外可參考 James B. Steward, DisneyWar (New York: Simon & Schuster, 2006), 485-487, 527.
3. Thomas Gilovich, Robert Vallone, and Amos Tversky, "The Hot Hand in Basketball: On the Misperception of Random Sequences," Cognitive Psychology, Vol. 17, No. 3, July 1985, 295-314.
4. Jim Albert and Jay Bennett, Curve Ball: Baseball, Statistics, and the Role of Chance in the Game (New York: Springer-Verlag, 2003), 111-144. 我也使用 90％以外的數值當作「轉換」的變數，來跑這個預測模型。最符合經驗資料的變數，大約在 50％到 60％之間，也就是接近「穩定先生」的模型。
5. Jim Albert, "Streaky Hitting in Baseball," Journal of Quantitative Analysis in Sports, Vol. 4, No. 1m January 2008, Article 3; Trent McCotter: "Hitting Streaks Don't Obey Your Rules: Evidence That Hitting Streaks Aren't Just By-Products of Random Variation," The Baseball Research Journal, Volume 37, 2008, 62-70; http://www.hardballtimes.com/main/article/the-color -of-clutch/; and Zheng Cao. Joseph Price, and Daniel F. Stone, "Performance Under Pressure in the NBA," Journal of Sports Economics, Vol. 12, No. 3, June 2011, 231-252.
6. Michael Bar-Eli, Simcha Avugos, Markus Raab, "Twenty Years of 'Hot Hand' Research: Review and Critique," Psychology of Sport and Exercise, Vol. 7, No. 6, November 2006, 525-553. 此外可參考 Alan Reifman, Hot Hands: The Statistics Behind Sports' Greatest Streaks (Washington, D. C: Potomac Books, 2011).
7. Frank H. Knight, Risk, Uncertainty, and Profit (New York: Houghton and Mifflin, 1921). 參考 http://www.econlib.org/library/Knight/knRUP.html.
8. William Goldman, Adventures in the Screen Trade: A Personal View of Hollywood and Screenwriting (New York: Warner Books, 1983), 39.
9. Matthew Salganik, "Prediction and Surprise," Presentation at the Thought Leader Forum, Legg Mason Capital Management, October 14, 2011.
10. 正式來說，冪次法則得公式為：$p(X) = Cx^{-\alpha}$，其中 C 和 α 為常數。指數 α 通常是正數，雖然其為負數。因為 X 會隨著 α 的冪指數而增加，因此這就叫做冪次法則。該指數的數值通常是 2< α <3。參考 M.E. J. Newman, "Power Laws, Pareto Distributions, and Zipf's Law," Contemporary Physics, Vol. 46, No.5, September-October 2005, 323-351; 以及 Aaron Clauset, Cosma Rohilla Shalizi, and M. E. J. Newman, "Power-law Distributions in Empirical Data," SIAM Review, Vol. 51, No. 4, 2009, 661-703.

11. Matthew 13:12 from the King James version. 見 www.kingjamesbibleonline.org/matthew-13-12.
12. Robert K. Merton, "The Matthew Effect in Science," Science, Vol. 159. No. 3810, January 5, 1968, 56-63. 另外可見 Daniel Rigney, The Matthew Effect: How Advantage Begets Further Advantage (New York: Columbia University Press, 2010). 關於路徑相依事件的詳細討論，可見 Scott E. Page, "Path Dependence," Quarterly Journal of Political Science, Vol. 1, No. 1, January 2006, 87-115.
13. Albert-Laszlo Barabasi and Reka Albert, "Emergence of Scaling in Random Networks," Science 286, no. 5439 (October 15, 1999): 509-512; Albert-Laszlo Barabasi, Linked: The New Science of Networks (Cambridge, MA: Perseus Publishing, 2002), 86-89; and Duncan J. Watts, Six Degrees: The Science of a Connected Age (New York: W. W. Norton & Company, 2003), 108-111. 偏好依附也與吉布拉定律 (Gilbrat's Law)，以及 Yule 分配有關；見 Herbert A. Simon, "On a Class of Skew Distribution Functions," Biometrika 42, no. 3/4 (December 1955): 425-440.
14. 進行這個實驗一萬次後，其中紅色贏了 54%、黑色 29%、黃色 12%、紅色 4%、藍色 1%。相較於一開始的機率，紅色 33%、黑色 27%、黃色 20%、綠色 13%，以及藍色 7%。可以發現，強者越強、弱者越弱。
15. Mark Granovetter, "Threshold Models of Collective Behavior," American Journal of Sociology, Vol. 83, No. 6, May 1978, 1420-1443. 若要更詳盡的資訊，可參考 Duncan J. Watts, "A Simple Model of Global Cascades on Random Networks," Proceedings of the National Academy of Sciences, Vol, 99, No. 9, April 30, 2002, 5766-5771.
16. Michael A. Cusumano, Yiorgos Mylonadis, and Richard S. Rosenbloom, "Strategic Maneuvering and Mass-Market Dynamics: The Triumph of VHS over Beta," Business History Review, Vol. 66, No. 1, Spring 1992, 51-94. 另外可參考 Carl Shapiro and Hal R. Varian, Information Rules: A Strategic Guide to the Network Economy (Boston, MA; Harvard Business School Press, 1999) and Jeffrey H. Rohlfs, Bandwagon Effects in High Technology Industries Cambridge, MA; MIT Press, 2001).
17. W. Brian Arthur, Increasing Returns and Path Dependence in the Economy (Ann Arbor, MI: University of Michigan Press, 1994).
18. Sherwin Rosen, "The Economics of Superstars," American Economic Review, Vol. 71, No. 5, December 1981, 845-858.
19. Robert H. Frank and Philip J. Cook, The Winner-Take-All Society: How More and More Americans Compete for Ever Fewer and Bigger Prizes, Encouraging Economic Waste, Income Inequality, and an Impoverished Cultural Life (New York: The Free Press, 1995); and Robert H. Frank, The Darwin Economy: Liberty, Competition, and the Common Good (Princeton, NJ: Princeton University Press, 2011).

20. Xavier Gabaix and Augustin Landier, "Why Has CEO Pay Increased So Much?" Quarterly Journal of Economics 123, no. 1 (February 2008): 49-100; and Carola Frydman and Dirk Jenter, "CEO Compensation," Annual Review of Financial Economics 2 (December 2010): 75-102.
21. 例如，夏爾文・羅森寫道，「要確定這些歌手並不知道如何刺激票房；有時候，票房必須結合一定的天賦和個人魅力。而且，我們假設所有人的個人天賦是固定的，而且所有經濟體系中的成員，都可以不花任何成本觀察到這些人的表演實力。」
22. Gabaix and Landier, "Why Has CEO Pay Increased So Much?"; 另外參考 Marko Tervio, "The Difference That CEOs Make: An Assignment Model Approach," American Economic Review 98, no.3 (June 2008)l 642-668. 關於此一主題的經典論文，見 James C. March and James G. March, "Almost Random Careers: The Wisconsin School Superintendency, 1940-1972," Administrative Science Quarterly 22, no. 3 (September 1977): 377-409.
23. Robert Morse, "Methodology: Undergraduate Ranking Criteria and Weights," USNEws.com, September 12, 2011. 見 http://www.usnews.com/education/best-college/articles/2011/09/12/methodology-undergraduate-ranking-criteria-and-weights-2012.
24. Donald G. Saari, Chaotic Elections! A Mathematician Looks at Voting (Providence, RIL American Mathematical Society, 2001).
25. 關於此一主題，可參考 Malcolm Gladwell, "The Order of Things," New Yorker, Vol. 88, No. 48, February 14, 2011, 68-75. 此外可參考 Michael N. Bastedo and Nicholas A. Bowman, "U.S. News & World Report College Rankings: Modeling Institutional Effects on Organizational Reputation," American Journal of Education, Vol. 116, No. 2, February 2010, 163-183 以及 Ashwini R. Sehgal, MD, "The Role of Reputation in U.S. News & World Report Rankings of the Top 50 American Hospitals," Annals of Internal Medicine, Vol. 152, No. 8, April 20, 2010, 521-525.
26. Matthew J. Salganik, Peter Sheridan Dodds, and Duncan J. Watts, "Experimental Study of Inequality and Unpredictability in an Artificial Cultural Market," Science, Vol. 311, No. 5762, February 10, 2006, 854-856.
27. Donald Sassoon, Becoming Mona Lisa: The Making of a Global Icon (New York: Harcourt, Inc., 2001).
28. Philip E. Tetlock, Expert Political Judgment: How Good Is It? How Can We Know? (Princeton, NJ; Princeton University Press, 2005), 128. 關於這種偏見的深入探討，可參考 Daniel T. Gilbert and Patrick S. Malone, "The Correspondence Bias," Psychological Bulletin, Vol. 117, No. 1, January 1995, 21-38.
29. Ellen J. Langer and Jane Roth, "Heads I win, Tail's It's Chance: The Illusion of Control as a Function of the Sequence of Outcomes in a Purely Chance Task," Journal of Personality and Social Psychology, Vol. 32, No. 6, December 1975, 951-955.
30. Rakesh Khirana, Searching for a Corporate Savior: The Irrational Quest for Charismatic CEOs (Princeton, NJ: Princeton University Press, 2002), 23.

第七章

1. Robert C. Hill, "When the going gets rough: A Baldridge Award winner on the line," Academy of Management Executive, Vol. 7, No. 3, August 1993, 75-79.
2. 技術上來說，信度測量就是：變異性（個人能力）／〔變異性（個人能力）＋變異性（運氣）〕。如果運氣的變異性是0，那就只剩下變異性（個人能力）／變異性（個人能力），也就是完全相關。如果完全沒有個人能力，那就是0／變異性（運氣），信度就是0。可參考 William M. K. Trochim and James P. Donnelly, The Research Methods Knowledge Base, Third Edition (Mason, OH: Atomic Dog, 2008), 80-95.
3. Chris Spatz, Basic Statistics: Tales of Distributions, Tenth Edition (Belmont, CA: Wadsworth, 2011), 87-119.
4. Phil Bimbaum, "On correlation, r, and r-squared," Sabermetric Research, August 22, 2006. 見 http://sabermetricresearch.blogspot.com/2006/08/on-correlation-r-and-r-squared.html.
5. Trochim and Donnelly, 20-23.
6. Jim Albert, "A Batting Average: Does It Represent Ability or Luck?" Working Paper, April 17, 2004. 可參考：http://bayes.bgsu.edu/papers/paper_bavq/pdf
7. 見 "When Is the Observed Data Half Real and Half Noise?" www.insidethebook.com/ee. July 13, 2011.
8. David J. Berri and Martin B. Schmidt, Stumbling on Wins: Two Economists Expose the Pitfalls on the Road to Victory in Professional Sports (Upper Saddle River, NJ: FT Press, 2010), 33-39.
9. Michael Lewis. Moneyball: The Art of Winning an Unfair Game (New York: W. W. Norton & Company, 2003), 57 and 128. 關於其他更深入分析，可參考 Ben S. Baumer, "Why On-Base Percentage is a Better Indicator of Future Performance Than Batting Average: An Algebraic Proof," Journal of Quantitative Sports, Vol. 4, No. 2, April 2008, Article 3.
10. Branch Rickey, "Goodbye to Some Old Baseball Ideas," Life, August 2, 1954, 79-89.
11. Michael Lewis, "The King of Human Error," Vanity Fair, December 2011.
12. Alfred Rappaport, Creating Shareholder Value: A Guide for Managers and Investors, Revised and Updated (New York: Free Press, 1998). 另外可參考 Anant K. Sundaram and Andrew C. Inkpen, "The Corporate Objective Revisited," Organization Science, Vol. 15, No. 3, May-June 2004, 350-363. William Starbuck 指出，績效評估不重要，因為績效評估會與期望因子呈現相關，但卻不能改變績效。見 William H. Starbuck, "Performance Measures: Prevalent and Important but Methodologically Challenging," Journal of Management Inquiry, Vol. 14, No. 3, September 2005, 280-286.
13. Frederic W. Cook & Co., "The 2010 Top 250: Long-Term Incentive Grant Practices for Executives," October 2010, www.fwcook.com/alert_letters/The_2010_Top_250_Report.pdf.
14. Frederick W. Cook & Co., "The 2010 Top 250: Long-Term Inventive Grant Practices for Executives," October 2010. 參考 www.fwcook.com/alert_letters/The_2010_Top_250_Report.pdf. 另外可參考 "Seven Myths of Executive Compensation," Stanford Business School, Closer Look Series, June 6, 2011. 見 www.gsb.stanford.edu/cgrp/research/.../CGRP17-MythsComp.pdf.

15. John R. Graham, Campbell R. Harvey, and Shiva Rajgopal, "Value Destruction and Financial Reporting Decisions," Financial Analysts Journal, Vol. 62, No. 6, November/December 2006, 27-39.
16. Alfred Rappaport and Michael J. Mauboussin, Expectations Investing: Reading Stock Prices for Better Returns (Boston, MA: Harvard Business School Press, 2001), 15-16.
17. Graham, Harvey, and Rajgopal, "Value Destruction and Financial Reporting Decisions."
18. Eugene F. Fama and Kenneth R. French, "Forecasting Profitability and Earnings," Journal of Business, Vol. 73, No.2, April 2000, 161-175. 此外可參考 Louis K. C. Chan, Jason Karceski, and Josef Lakonishok, "The Level and Persistence of Growth Rates," Journal of Finance, Vol. 58, No. 2, April 2003, 643-684.
19. 同樣論點也出現在 Robert L. Hagin, Investment Management: Portfolio Diversification, Risk, and Timing—Fact and Fiction (Honoken, NJ: John Wiley & Sons, 2004), 75-80.
20. Christopher D. Ittner and David F. Larcker, "Coming Up Short on Nonfinancial Performance Measurement," Harvard Business Review, November 2003, 88-95.
21. Sanford J. Grossman and Joseph E. Stiglitz, "On the Impossibility of Informationally Efficient Markets," American Economic Review 70, no. 3 (June 1980): 393-408.
22. Scott D. Stewart, CFA, John J. Neumann, Christopher R. Knittel, and Jeffrey Heisler, CFA, "Absence of Value: An Analysis of Investment Allocation Decisions by Institutional Plan Sponsors," Financial Analysis Journal, Vol. 65, No. 6, November/December 2009, 34-51; Amit Goyal and Sunil Wahal, "The Selection and Termination of Investment Management Firms by Plan Sponsors, "Journal of Finance, Vol. 63, No. 4, August 2008, 1805-1847; Jeffrey Heisler, Christopher R. Kittel, John J. Neuman, and Scott D. Stewart, "Why Do Plan Sponsors Hire and Fire Their Investment Managers?" Journal of Business and Economic Studies, Vol. 13, No. 1, Spring 2007, 88-118; Diane Del Guercio and Paula A. Tkac, "The Determinants of the Flow of Funds of Managed Portfolios: Mutual Funds versus Pension Funds," The Journal of Financial and Quantitative Analysis, Vol. 37, No. 4, December 2002, 523-55; Andrea Frazzini and Owen A. Lamont, "Dumb Money: Mutual Fund Flows and the Cross-Section o Stock Returns," Journal of Financial Economics, Vol. 88, No. 2, May 2008, 299-322.
23. Diane Del Guercio and Paula A, Tkac, "Star Power: The Effect of Morningstar Rating on Mutual Fun Flow," Journal of Financial and Quantitative Analysis, Vol. 43, No. 4, December 2008, 907-936.
24. 根據晨星網站:「基金會在它們領域中,依照其風險調整後之回報(扣除所有手續費和費用)進行排名,然後依據鐘型分配曲線給予星級評等,中央的比例會最高。在每個類別中,風險調整後超額回報表現在前10%的基金,會獲得五顆星;接下來的22.5%會得到四顆星,中間35%為三顆星,接下來的22.5%為兩顆星,最後10%得到一顆星。」見 http://www.morningstar.com/Help/Data.html#RatingCalc.
25. Christopher B. Philips and Francis M. Kinniry Jr., "Mutual Fund Ratings and Future Performance," Vanguard Research, June 2010.
26. K.J. Martijn Cremers and Antti Petajisto, "How Active Is Your Fund Manager? A New Measure

That Predicts Performance," Review of Financial Studies, Vol. 22, No. 9, September 2009, 3329-3365; Antti Petajisto, "Active Share and Mutual Fund Performance," Working Paper, December 15, 2010.

技術定義：

$$\text{主動比例} = \frac{1}{2} \sum_{i=1}^{N} \left| \omega_{fund\,i} - \omega_{index\,i} \right|$$

其中，$\omega fund\,i$ ＝基金中資產 i 佔的權重
$\omega index\,i$ ＝指數中資產 i 佔的權重
總和是所有資產的加總

27. Jerker Denrell, "Random Walks and Sustained Competitive Advantage," Management Science, Vol. 50, No. 7, July 2004, 924-934.

第八章

1. Daniel Kahneman and Gary Klein, "Conditions for Intuitive Expertise: A Failure to Disagree," American Psychological 64, no. 6 (September 2009): 515-526.
2. Daniel Kahneman, Thinking, Fast and Slow (New York: Farrar, Straus and Giroux, 2011)
3. Daniel Kahneman and Gary Klein, "Conditions for Expertise: A Failure to Disagree," American Psychologist, Vol. 64, No. 6, September 2009, 515-526; Daniel Kahneman, Thinking Fast and Slow (New York: Farrar, Straus and Giroux, 2011); Gary Klein, Sources of Power: How People Make Decisions (Cambridge, MA: MIT Press, 1998).
4. Kahneman and Klein, "Conditions for Intuitive Expertise."
5. Robert A. Olsen, "Professional Investors as Naturalistic Decision Makers: Evidence and Market Implications," Journal of Psychology and Financial Markets 3, no. 3 (2002): 161-167.
6. Kahneman, Thinking, Fast and Slow, 97.
7. Ibid., 24.
8. Michelene T. H. Chi, Robert Glaser, and Marshall Farr, eds., The Nature of Expertise (Hillsdale, NJ: Lawrence Erlbaum Association, 1988), xvii-xx.
9. David M. Cutler, Kames M. Poterba, and Lawrence H. Summers, "What Moves Stock Prices?" Journal of Portfolio Management, Vol. 15, No. 3, Spring 1989, 4-12.
10. 這些著作包括 Geoffrey Colvin, Talent is Overrated: What Really Seperates World-Class Performers from Everybody Else (New York: Portfolio, 2008); Daniel Coyle, The Talent Code: Greatness Isn't Born. It's Grown. Here's How (New York: Bantam Books, 2009); Malcolm Gladwell, Outliers: The Srory of Success (New York: Little, Brown and Company, 2008); David Schenk, The Genius in All of Us: New Insights into Genetics, Talent, and IQ (New York: Doubleday, 2010); and Matthew Syed, Bounce: Mozart, Federer, Picasso, Beckham, and the Science of Success (New York: Harper, 2010). 關於此議題的學術討論，可參考 Michelene Y. H. Chi, Robert, Glaser, and Marshall Farr, eds., The Nature of Expertise (Hillsdale, NJ: Lawrence Erlbaum Associates, 1988); K. Anders Ericsson, ed., The Road to Excellence: The Acquisition of Expert Performance in the Arts and Sciences, Sports and Games (Mahwah, NJ:

Lawrence Erlbaum Associates, 1996); K. Anders Ericsson. Ed., Development of Professional Expertise: Toward Measurement of Expert Performance and Design of Optimal Learning Environment (Cambridge, UK: Cambridge University Press, 2009); K. Anders Ericsson and Jacqui Smith, eds., Toward a General Theory of Expertise: Prospects and Limits (Cambridge, UK: Cambridge University Press, 1991); K. Anders Ericsson, Neil Charness, Paul J. Feltovich, and Robert R. Hoffman, eds., The Cambridge Handbook of Expertise and Expert Performance (Cambridge, UK: Cambridge University Press, 2006); and Paul J. Feltovich, Kenneth M. Ford, and Robert Hoffman, eds., Expertise in Context: Human and Machine (Menlo Park, CA and Cambridge, MA: AAAI Press and The MIT Press, 1997).

11. 相關討論見 Colvin, 65-72.
12. K. Anders Ericsson, Ralf Th. Krampe, and Clemens Tesch-Romer, "The Role of Deliberate Practice in Acquisition of Expert Performance," Psychological Review, Vol. 100, No. 3, July 1993, 363-406.
13. Atul Gawande, "Personal Best: Top Athletes and Singers Have Coaches. Should You?" The New Yorker, October 3, 2011.
14. Guillermo Campitelli and Fernard Gobet, "Deliberate Practice: Necessary But Not Sufficient," Current Directions in Psychological Science, Vol. 20, No. 5, October 2011, 280-285.
15. David Z. Hambrick and Elizabeth J. Meinz, "Limits on the Predictive Power of Domain-Specific Experience and Knowledge in Skilled Performance," Current Directions in Psychological Science, Vol. 20, No. 5, October 2011, 275-279. 此外可參考 David Z. Hambrick and Randall W. Engle, "Effects of Domain Knowledge, Working Memory Capacity, and Age on Cognitive Performance: An Investigation of the Knowledge-Is-Power Hypothesis," Cognitive Psychology, Vol. 44, No. 4, June 2002, 339-387.
16. 可參考 David Brooks, The Social Animal: The Hidden Sources of Love, Character, and Achievement (New York: Random House, 2011), 165; 以及 Gladwell, 78-79
17. Kimberly Ferriman Robertson, Stijn Smeets, David Lubinski, and Camillia P. Benbow, "Beyond the Threshold Hypothesis: Even Among the Gifted and Top Math/Science Graduate Students, Cognitive Abilities, Vocational Interests, and Lifestyle Preferences Matter for Career Choice, Performance, and Persistence," Current Directions in Psychological Science, Vol. 19, No. 6, December 2010, 346-351.
18. Carol S. Dweck, Mindset: The New Psychology of Success (New York: Random House, 2006).
19. Daniel H. Pink, Drive: The Surprising Truth About What Motivated Us (New York: Riverhead Books, 2009).
20. Atul Gawande, "The Checklist: If Something So Simple Can Transform Intensive Care, What Else Can It Do?" The New Yorker, December 10, 2007.
21. Peter Pronovost, MD PhD, and Eric Vohr, Safe Patients, Smart Hospitals: How One Doctor's Checklist Can Help Us Change Health Care from the Insides Out (New York: Hudson Street Books, 2010)
22. Atul Gawande, The Checklist Manifesto: How to Get Things Right (New York: Metropolitan

Books, 2009), 114-135.
23. Daniel Boorman, "Safety Benefits of Electronic Checklists: An Analysis of Commercial Transport Accidents," Proceedings of the 11th International Symposium on Aviation Psychology, 2001, 5-8.
24. 關於如何建立檢查清單的額外討論，可參考 Brigette Hales, Marius Terblanche, Robert Fowler, and William Sibbald, "Development of Medical Checklists for Improved Quality of Patient Care," International Journal for Quality in Health Care 20, no. 1 (February 2008): 22-30; 以及 Michael Shearn, The Investment Checklist: The Art of In-Depth Research (Hoboken, NJ: John Wiley & Sons, 2012).
25. Gawande, The Checklist Manifesto, 114-135.
26. Pronovost, 175.
27. Steven Crist, "Crist on Value," in Beyer, et al., Bet with the Best (New York: Daily Racing Form Press, 2001), 64.
28. Benjamin Graham, The Intelligent Investor: A Book of Practical Counsel, Fourth Revised Edition (New York: Harper & Row, 1973), 281.
29. Michael J. Mauboussin, "Size Matters: The Kelly Criterion and the Importance of Money Management," Mauboussin on Strategy, February 1, 2006.
30. Scott Patterson, "Old Pros Size Up the Game," Wall Street Journal, March 22, 2008.
31. 關於捷徑與偏誤的研究，可參考 Max H. Bazerman and Don Moore, Judgment in Managerial Decision Making, 7th Edition (Hoboken, NJ: John Wiley & Sons, 2009), 13-41.
32. Kahneman, Thinking, Fast and Slow, 278-288; and Daniel Kahneman and Amos Tversky, eds., Choices, Values, and Frames (Cambridge, UK: Cambridge University Press, 2000).
33. Eldar Shafir, Peter Diamond, and Amos Tversky, "Money Illusion," Quarterly Journal of Economics 112, no. 2 (May 1997): 341-374.
34. Hersh Shefrin and Meir Statman, "The Disposition to Sell Winners Too Early and Ride Losers Too Long: Theory and Evidence," Journal of Finance 40, no. 3 (July 1985): 777-790; and Terrance Odean, "Are Investors Reluctant to Realize Their Losses?" Journal of Finance 53, no. 5 (October 1998): 1775-1798.
35. 此為 Seth Klarman 於 2008 年 10 月 2 日在哥倫比亞商學院發表的演說。Reproduced in Outstanding Investor Digest 22, nos. 1-2 (March 17, 2009): 3.
36. Graham, The Intelligence Investor, 287.
37. David F. Swensen, Unconventional Success: A Fundamental Approach to Personal Investment (New York: Free Press, 2005), 220-222.
38. Charles D. Ellis, "Will Business Success Spoil the Investment Management Profession?" Journal of Portfolio Management 27, no. 3 (Spring 2001): 11-15.
39. John Maynard Keynes, The General Theory of Employment, Interest, and Money (New York: Harcourt, Brace and Company, 1936), 157-158.
40. David Romer, "Do Firms Maximize? Evidence from Professional Football," Journal of Political Economy 114, no. 2 (April 2006): 340-365.

第九章

1. Stanley Meisler, "First in 1763: Spain Lottery—Not Even a War Stops It," Los Angeles Times, December 30, 1977, A5.
2. 這個故事收錄在 1 Samuel, chapter 17. 若要參考好的翻譯,可見 Robert Alter, The David Story, (New York: W. W. Norton & Company, 1999).
3. 上校賽局與知名的囚犯兩難賽局不同;上校賽局對於真實世界的決策並沒有太大的影響力。在囚犯兩難中,由於合作可以產生較佳的結果,所以我們很容易理解,持續重複的互動可以帶來合作,決策者也可以在實際狀況中運用這個模型。例如,囚犯兩難可以充分解釋第一次世界大戰中塹壕戰出現的「手下留情」作法。雙方了解到,如果有侵略行動,後續勢必會遭致報復。所以,當其中一方有所節制時,另一方也會跟進節制。這種合作,拯救了許多人命。這個模式也可以應用於國際關係、商業等諸多領域。
4. 關於上校賽局的正式研究,可參考 Brian Roberson, "The Colonel Blotto Game," Economic Theory 29, no. 1(September 2006): 1-24; 以 及 Russel Golman and Scott E. Page, "General Blotto: Games of Allocative Strategic Mismatch," Public Choice 138, nos. 3-4 (March 2009): 279-299. 關於此議題的非正式討論,可參考 Scott E. Page, The Difference: How the Power of Diversity Creates Better Groups, Firms, Schools, and Societies (Princeton, NJ: Princeton University Press, 2007), 112-114; Jeffrey Kluger, SImplexity: Why Simple Things Become Complex (and How Complex Things Can Be Made Simple) (New York: Hyperion, 2008), 183-185. 以 及 John McDonald and John W. Tuskey, "Colonel Blotto: A Problem of Military Strategy," Fortune, June 1949, 102.
5. 關於這個案例,我選擇 X_a/X_b 的比例為 0.13。使用 Roberson "The Colonel Blotto" 中的定理三,在九個戰場中的預期回報為 22.5%;若使用定理二,那麼在十五個戰場的預期回報是 6.7%。相關討論引用 Dan Kovenock, Michael J. Mauboussin, and Brian Roberson, "Asymmetric Conflict with Endogenous Dimensionality," Korean Economic Review, Vol. 26, No. 2, Winter 2010, 287-305.
6. KC Joyner, Blindsided: Why the Left Tackle is Overrated and Other Contrarian Football Thoughts (Hoboken, NJ: John Wiley & Sons, 2008), 76-77. 此外可參考 Brian Skinner, "Scoring Strategies for the Underdog: A General, Quantitative Method for Determining Optimal Sports Strategies," Journal of Quantitative Analysis in Sports, Vol. 7, No. 4, October 2011, Article 11.
7. Michael Lewis, "Coach Leach Goes Deep, Very Deep," New York Times, December 4, 2005.
8. Clayton M. Christensen, The Innovator's Dilemma: When New Technologies Cause Great Companies to Fail (Boston: MA: Harvard Business School Press, 1997).
9. Clayton M. Christensen and Michael E. Raynor, The Innovator's Solution: Creating and Sustaining Successful Growth (Boston, MA: Harvard Business School Press, 2003).
10. Clayton M. Christensen, Scott D. Anthony, and Erik A. Roth, Seeing What's Next: Using the Theories of Innovation to Predict Industry Change (Boston, MA: Harvard Business School Press, 2004).
11. Michael E. Raynor, The Innovator's Manifesto: Deliberate Disruption for Transformational Growth (New York: Crown Business, 2011)

12. Gautam Mukunda, "We Cannot Go On: disruptive Innovation and the First World War Royal Navy," Security Studies, Vol. 19, No. 1, January 2010, 124-159.
13. Ivan Arreguín Toft, How the Weak Win Wars (Cambridge: Cambridge University Press, 2005). 其他關於落水狗如何逆轉勝的討論，可參考 Jeffrey Record, Beating Goliath: Why Insurgencies Win (Washington, D. C: Potomac Books, 2009). 許多文章都引用到 Arreguín Toft，包括：Malcolm Gladwell, "How David Beats Goliath: When Underdogs Break the Rules," The New Yorker, May 11, 2009.
14. Kenneth Waltz, Theory of International Politics (New York: McGraw Hill, 1979).
15. 2011 年出版的兩本書，提到這個主題。看 Tim Harford, Why Success Always Starts with Failure (New York: Farrar, Straus and Giroux, 2011) 以及 Peter Sims, Little Bets: How Breakthrough Ideas Emerge from Small Discoveries (New York: Free Press, 2011).
16. 就算銷售增加與廣告相關，但你也無法確定是因為這則廣告造成了銷售增加。但是，一個有控制組的實驗，至少已經往正確方向跨進一步。
17. Randall A. Lewis and David H. Reiley, "Does Retail Advertising Work? Measuring the Effects of Advertising on Sales via a Controlled Experiment on Yahoo!" Working Paper, September 29, 2010.
18. Duncan J. Watts, Everything is Obvious**Once You Know the Answer (New York: Crown Business, 2011), 187-213.
19. Sasha Issenberg, "Rick Perry and the Eggheads: Inside the Brainiest Political Operation in America," excerpt from the forthcoming book, The Victory Lab.
20. Alan S. Gerber, James G. Gimpel, Donald P. Green, and Daron R. Shaw, "How Large and Long-lasting Are the Persuasive Effects of Televised Campaign Ads? Results from a Randomized Field Experiment," American Political Science Review 105, no. 1 (February 2011): 135-150.
21. Nassim Nicholas Taleb, The Bed of Procrustes: Philosophical and Practical Aphorisms (New York: Random House, 2010).
22. Nassim Nicholas Taleb, "Antifragility, Robustness and Fragility Inside the 'Black Swan' Domain," SSRN working paper, February 2011.
23. Nassim Nicholas Taleb and Mark Blyth, "The Black Swan of Cairo: How Suppressing Volatility Makes the World Less Predictable and More Dangerous," Foreign Affairs 90, no. 3 (May/June 2011): 33-39; Emanuel Derman 區分了理論與模型，"模型是一種類比，他們用另一件事來形容眼前的事。模型需要討論或解釋。相反的，理論是真實的東西。他們需要驗證，而不是解釋。理論可以形容事情的本質。成功的理論可以變成事實。"From Emanuel Derman, Models. Behaving. Badly: Why Confusing Illusion with Reality Can Lead to Disaster, on Wall Street and in Life (New York: Free Press, 2011), 59.
24. Aaron Lucchetti and Julie Steinberg, "Corzine Rebuffed Internal Warnings on Risk," Wall Street Jornal, December 6, 2011. 此外可參考 Bryan Burrough, William D. Cohan, and Bethany McLean, "Jon Corzine's Riskiest Business," Vanity Fair, February 2012.
25. 塔雷伯稱第一種回報為「凹性」(Concave)，第二種回報為「凸性」(Convex)。在 △ x 區間的凹性，可以滿足以下不等式：

$$\frac{1}{2}\left[f(x+\Delta x)+f(x-\Delta x)\right] > f(x)$$

凹性可能是局部的（某種大小的 Δx），如果是不同的 Δx 也可能變成凸性。見 Taleb, "Antifragility, Robustness, and Fragility inside the 'Black Swan Domain'."

第十章

1. Francis Galton, "Regression Towards Mediocrity in Hereditary Stature," Journal of the Anthropological Institute 15 (1886): 246-263.
2. Stephen M. Stigler, Statistics on the Table: The History of Statistical Concepts and Methods (Cambridge, MA: Harvard University Press, 1999), 174.
3. Karl Pearson and Alice Lee, "On the Laws of Inheritance in Man: I. Inheritance of Physical Characters, "Biometrika, Vol. 2, No. 4, November 1903, 357-462.
4. Daniel Kahneman, Thinking Fast and Slow (New York: Farrar, Straus and Giroux, 2011), 181-182.
5. J. Martin Brand and Douglas G. Altman, "Some Examples of Regression Towards the Mean," British Medical Journal, Vol. 309, No. 6957, September 24, 1994, 780.
6. Stephen M. Stigler, "Milton Friedman and Statistics", forthcoming in The Collected Writings of Milton Friedman, Robert Leeson, ed. (New York: Palgrave Macmillan, 2012).
7. Milton Friedman, "Do Old Fallacies Ever Die?" Journal of Economic Literature, Vol. 30, December 1992, 2192-2132. 其他關於均值回歸的錯誤之討論，可參考 Marcus Lee and Gary Smith, "Regression to the Mean and Football Wagers," Journal of Behavioral Decision Making, Vol. 15, No. 4, October 2002, 329-342.
8. Milton Friedman, "Do Old Fallacies Ever Die?" Journal of Economic Literature, Vol. 30, December 1992, 2192-2132. 其他關於均值回歸的錯誤之討論，可參考 Marcus Lee and Gary Smith, "Regression to the Mean and Football Wagers," Journal of Behavioral Decision Making, Vol. 15, No. 4, October 2002, 329-342.
9. Daniel Kahneman and Amos Tversky, "On the Psychology of Prediction," Psychological Review 80, no. 4 (July 1973): 237-251.
10. Andrea Frazzini and Owen A. Lamont, "Dumb Money: Mutual Fund Flows and the Cross-Section of Stock Returns, Journal of Financial Economics 88, no. 2, (May 2008): 299-322.
11. Scott D. Stewart, CFA, John J. Neumann, Christopher R. Knittel, and Jeffrey Heisler, CFA, "Absence of Value: An Analysis of Investment Allocation Decisions by Institutional Plan Sponsors," Financial Analysts Journal 65, no. 6 (November/December 2009): 34-51.
12. Bradley Efron and Carl Morris, "Stein's Paradox in Statistics," Scientific American, May 1977, 119-127.
13. William M. K. Trochim and James P. Donnelly, The Research Methods Knowledge Base, Third Edition (Mason, OH: Atomic Dog, 2008), 166. 精確來說，因為 r 的數值從 1.0 到 -1.0，所以 c 也一樣。負相關的意思是高於平均的結果之後可能會出現低於平均的結果，反之亦然。

我的重點主要放在正相關，但負相關其實也非常有用。
14. 關於 Tom Tango 的方法之概要，可參考：http://sabermetricresearch.blogspot.com/2011/08/tango-method-of-regression-to-mean-kind.html.
15. Bradley Efron and Carl Morris, "Stein's Paradox in Statistics," Scientific American, Vol. 236, No. 5, May 1977, 119-127.
16. 你可以在附錄看到，我的估計結果是七十三場。不過進位到偶數，會讓計算變得比較容易，所以我就用七十四代替七十三。
17. 關於貝式定理的討論，見 Sharon Bertsch McGrayne, The Theory That Would Not Die: How Bayes' Rule Cracked the Enigma Code, Hunted Down Russian Submarines & Emerged Triumphant From Two Centuries if Controversy (New Haven, CT: Yale University Press, 2011).

第十一章

1. Horace B. Barlow, "Intelligence: the Art of Good Guesswork," in The Oxford Companion to the Mind, ed. Richard L. Gregory (Oxford: Oxford University Press, 1987), 183-383.
2. Ibid.
3. Amos Tversky and Daniel Kahneman, "Belief in the law of small numbers," Psychological Bulletin, Vol. 76, No. 2, August 1971, 105-110.
4. Tom M. Tango, Mitchel G. Lichtman, and Andrew E. Dolphin, The Book: Playing the Percentages in Baseball (Washington, DC: Potomaac Books, 2007).
5. Ibid.
6. Derek Carty, "When Hitters' Stats Stabilize," Baseball Prospectus, June 13, 2011. 可參考 http://www.baseballprospectus.com/article.php?articledid=14215
7. Deirdre N. McCloskey and Stephen T. Ziliak, "The Standard Error of Regressions," Journal of Economic Literature 34 (March 1996): 97-114.
8. Stephen T. Ziliak and Deirdre N. McCloskey, "Size Matters: The Standard Error of Regressions in the American Economic Review," Journal of Socio-Economics, Vol. 33, No. 5, November 2004, 527-546.
9. Andrew Mauboussin and Samuel Arbesman, "Differentiating Skill and Luck in Financial Markets With Streaks," SSRN Working Paper, February 3, 2011.Gary Loveman, Interview on NPR's Planet Money, November 16, 2011. 見 http://www.npr.org/blogs/money/2011/11/15/142366953/the-tuesday-podcast-from-harvard-economist-to-casino-ceo.
10. Brian J. Hall and Jeffrey B. Liebman, "Are CEOs Really Paid Like Bureaucrats?" Quarterly Journal of Economics, Vol. 113, No. 3, August 1998, 653-691 and "2004 CEO Compensation Survey and Trends," Wall Street Journal/Mercer Human Resource Consulting, May 2005.
11. Alfred Rappaport, "New Thinking on How to Link Executive Pay with Performance," Harvard Business Review, Vol. 77, No. 2, March-April 1999, 91-101.
12. Philip E. Tetlock, Richard Ned Lebow, and Geoffrey Parker, Eds., Unmaking the West: "What-if?" Scenarios That Rewrite World History (Ann Arbor, MI: University of Michigan Press, 2006).

13. Brigette Hales, Marius Terblanche, Robert Fowler, and William Sibbald, "Development of Medical Checklists for Improved Quality of Patient Care," International Journal for Quality in Health Care 20, no. 1 (December 11): 2007, 22-30.
14. Atul Gawande, MD, MPH, et al., "A Surgical Safety Checklist to Reduce Mobidity and Mortality in a Global Population," New England Journal of Medicine 360, no. 5 (January 29, 2009).
15. Peter Pronovost, MD, PhD, and Eric Vohr, Safe Patients, Smart Hospitals: How One Doctor's Checklist Can Help Us Change Health Care from the Inside Out (New York: Hudson Street Books, 2010).
16. Philip E. Tetlock, Expert Political Judgment: How Good IS It? How Can We Know? (Princeton, NJ: Princeton University Press, 2005), 129-143.
17. Clayton M. Christensen, The Innovator's Dilemma: When New Technologies Cause Great Companies to Fail (Boston: MA: Harvard Business School Press, 1997).
18. Daniel Kahneman, presentation at the Thought Leader Forum, October 7, 2011. 見 Http://thoughtleaderforum.com/957443.pdf.

長勝

靠運氣贏來的，憑實力也不會輸回去
常春藤名校「模型思維」課程指定必讀

The Success Equation: Untangling Skill and Luck in Business, Sports, and Investing

作者：麥可・莫布新（Michael J. Mauboussin）｜譯者：陳冠甫｜主編：鍾涵瀞｜特約副主編：李衡昕｜行銷企劃總監：蔡慧華｜視覺設計：FE設計、薛美惠｜社長：郭重興｜發行人兼出版總監：曾大福｜出版發行：八旗文化／遠足文化事業股份有限公司｜地址：23141 新北市新店區民權路108-2號9樓｜電話：02-2218-1417｜傳真：02-8667-1851｜客服專線：0800-221-029｜信箱：gusa0601@gmail.com｜臉書：facebook.com/gusapublishing｜法律顧問：華洋法律事務所　蘇文生律師｜EISBN：9786267129739（EPUB）、9786267129746（PDF）｜出版日期：2022年9月／初版一刷｜定價：480元

國家圖書館出版品預行編目(CIP)資料

長勝：靠運氣贏來的,憑實力也不會輸回去,常春藤名校「模型思維」課程指定必讀/麥可.莫布新(Michael J. Mauboussin)著；陳冠甫譯. -- 新北市：八旗文化出版：遠足文化事業股份有限公司發行, 2022.09

352面；16×23公分

譯自：The success equation : untangling skill and luck in business, sports, and investing

ISBN 978-626-7129-76-0 (平裝)

1. 企業管理 2. 職場成功法

494　　　　　　　　　　　　　　　　111012500

The Success Equation: Untangling Skill and Luck in Business, Sports, and Investing
Original work copyright © 2012 Michael J. Mauboussin
Published by arrangement with Harvard Business Review Press
Unauthorized duplication or distribution of this work constitutes copyright infringement.

版權所有，侵害必究（Print in Taiwan）。
本書如有缺頁、破損、或裝訂錯誤，請寄回更換
歡迎團體訂購，另有優惠。請恰業務部(02)22181417分機1124
本書言論，不代表本公司／出版集團之立場或意見，文責由作者自行承擔